THE ART OF
MYSTICAL BEASTS

INTRODUCTION

はじめに

はじめまして、森田悠揮と申します。

せっかくの機会なので長々と書かせてください。

正直な話、自分がこのような本を出す日が来るとは、CGを勉強し始めた6年前は微塵も予想していなかったと思います。というよりもまず、CGを仕事にしているかどうかすらも定かではないほど、当時の自分には明確なビジョンがありませんでした。

小さい頃から親族や友達から描いた絵をよく褒めてもらっていたからかモノづくりはとても好きでしたし、中学の時にCGに興味を持ったこともあったりしました。ですが、それを絶対仕事にしてやるんだ！　という強い熱意も行動力もないまま気づいたら心理学部の学生になっていました。

大学に入って2年が経とうとしていた頃、同級生の何人かはすでにインターンや資格の勉強などをしていて、ふと、このままだとやりたいと思っていることができないままフラ〜ッと、よくわからん会社に入ってしまうのではないか……という誰にでも一度はやってくるであろう漠然とした不安にかられました。と同時にそれは、自分には今本当にやっておきたいことがあるじゃないか、ということに気づかされた瞬間でもありました。僕の場合、それが3DCGでした。外に出るのがあまり好きじゃない、ぶっちゃけ人と喋るのもそんなに好きじゃない内向的な自分が本気で興味を惹かれていた唯一のものだったかもしれません。

平日は大学の授業があったので土曜日だけのコースがある専門学校を探し、1年間めちゃくちゃ勉強しました。ですが、それは仕事に就くためというよりは、シンプルに自分の創作欲求を満たすために3DCGという技術を身につけに通っていました。冒頭にも書いたようにCGをはじめた当時はまだそれを仕事にしようとはあまり考えておらず、純粋にパソコンさえあれば部屋から一歩も出ずに自分だけの世界が創れてしまう万能感に惹かれていただけでした。

では、そんな自分が現在、なんでCGやデザインを仕事にして生活することができているのかを改めて考えたとき、2つ大切なことが見えてきました。

ひとつは自分の好きなものをつくった結果、それをまったく話したこともない人たちに評価してもらえたこと。もうひとつはやはり、才能のあるアーティストたち（特に同世代や身近な人）の影響です。当たり前のことのように聞こえても、この2つに恵まれていたのはとても幸運なことです。

CGをはじめて1年半ほど経過した頃、大学4年生になったばかりのときだったと思います。「CG Student Awards」（2016年から「The Rookies」という名前に変わりました）という、世界的なCG学生コンテストに応募してみたら、なんと3位に入選してしまい、当時Double Negative Visual Effects（『ブレードランナー 2049』や『インセプション』など有名ハリウッド映画を多数手がけるVFXスタジオ）のロンドン本社にいた方から知人づてで「会社

が日本人のアーティストをほしがっているからどうか?」と、お話をいただくこともできました。

結局その話は流れてしまいましたが、その頃からようやく、自分の表現や技術が社会につながる嬉しさを感じはじめていきました。その後もつくり続けた自主制作をご覧になってくださった方々から仕事をいただけるようになり、現在まで途切れることなくフリーランスとして活動できています。今では少しだけですが、自分の作品に自分で説得力を感じられるようにもなってきました。

自分が本当にやりたいことは何かという問いに対して、正直な行動や創作をしていれば自ずとそれに見合った仕事はやってくるものだと思いました。やりたいことは自分から引き寄せなければやってきません。僕自身CGや造形の中でも、特にクリーチャーや幻獣、怪獣がつくりたくて、ここ数年そればかりつくっていたら今ではほぼ全ての仕事の依頼はその類のものになりましたし、とてもありがたいことに2015年から月刊CGWORLDにて、連載を担当させていただくこともできました。この本はその2年間の集大成と言えます。

自分の好きなことを続けられてきた理由として、周りにめちゃくちゃ才能のあるアーティスト(特に同年代)が何人もいたことも幸運でした。創作意欲って、もちろん常に自分の中にはあるのですが、それだけではひとつ満足するものがつくれたら、きっとすぐ止まってしまう。制作を絶やさずに走り続けてより良いものをつくっていくには、常に自分より

優れたアーティストたちに追いつこうとする気持ちがないと無理だと思いますし、それはより良い満足感を自分に与えようとすることでもあります。そして、同じく周りに影響を与えることでもあります。そうやってどんどん上手い人たちや尊敬する人たちと肩を並べていく感覚も、ものづくりの楽しみのひとつだと思っています。

作品を不特定多数の人たちに観ていただける現在の境遇において、僕が何人の人に影響を与えられているのかはまったくわかりませんが、みなさんが本書から何か刺激やヒントを汲みとって、ご自身の創作に活かしてくれれば幸いです。

僕自身この本を踏み台にして、もっともっとアーティストとしてステップアップしていかなくてはなりません。26歳である今の総括としてこのようにまとめることができたように、30歳、40歳と年を重ねるたびに、その時にしかつくれないものをまた別のかたちでこの世に残していきたいです。

最後に、僕の大好きな怪獣たちのデザイナー、アニメーション監督であり本書の帯へ寄稿していただいた前田真宏さん、普段の制作を支えてくれている方々、小さい頃から今の自分のルーツとなるものをたくさん与えてくれた親族、そしてこの本の制作に関わっていただいた方々、心から感謝しています。

森田悠揮

2017年11月22日

CONTENTS

006 FEATURE

『MUMA』 メイキング

[主なツール] **ZBrush** **Maya** **Photoshop** **MARI**

003 INTRODUCTION
はじめに

054 GALLERY

246 COMMENTARIES

本書は基本的に月刊CGWORLDの連載「Observant Eye」をまとめたものになります。そのため、各ツールの機能解説書ではなく、すでに操作法をある程度知っているCG経験者向けです。ですが、『MUMA』メイキングパートにZBrushとMARIのよく使う機能の簡単な説明を載せてあるので、初心者の方はぜひチェックしてみてください。

（森田悠揮）

＊本書のp79~245「DIVERSITY」の項は、月刊誌CGWORLDに掲載された記事を再編したものです。記載されている内容は基本的に本誌掲載時のものであり、現在の事実と異なる場合があります。
＊本書内の写真、イラストおよび画像、その他の内容に関する著作権は、すべて著作権者あるいはその制作者に帰属します。著作者・制作者・出版社の許可なく、内容の一部または全部を改変したり、これらを転載・譲渡・販売または営利目的で使用することは、法律上の例外を除いて禁じます。
＊本書記載の商品名・会社名は、すべて関係各社の登録商標または商標です。可読性を高めるため、それらを示すマーク等は記載しておりません。同様の理由により、会社名やソフトウェア名等を略称で表記している場合があります。本書は、それらの名称を編集上の目的だけで使用しており、商標の権利を侵害する意図はありません。

007 STEP 01 Concept Drawing
コンセプトドローイング

009 STEP 02 Concept Sculpting
コンセプトスカルプティング

020 STEP 03 Retopology & UVs
リトポロジー＆ UV 展開

027 STEP 04 Detailing
ディテーリング

042 STEP 05 Texturing & Shading
テクスチャリング＆シェーディング

050 STEP 06 Rendering
レンダリング

052 STEP 07 Finish
完成

079 DIVERSITY

幻獣
Mystical Beasts

080 | 001 | Blue Head
`ZBrush` `MARI`

090 | 002 | 蟹
`ZBrush` `MARI` `Mudbox` `Substance Painter`

100 | 003 | 架空の大型哺乳類
`ZBrush` `Maya`

080 | 004 | Worm
`ZBrush` `MARI` `Mudbox`

126 | 005 | Mystical Beasts
`Photoshop`

134 | 006 | 蒼犀竜
`ZBrush` `MARI`

144 | 007 | Cthulhu
`Photoshop`

152 | 008 | Scaller Oarfish
`ZBrush` `Maya` `Photoshop`

162 | 009 | lijumala
`ZBrush` `Photoshop`

生物
Living Thing

174 | 001 | a Baby Tiger
`ZBrush` `Maya`

184 | 002 | 煙猫
`ZBrush` `Maya`

194 | 003 | スピノサウルス
`ZBrush` `MARI` `Mudbox`

204 | 004 | ナイルワニ
`ZBrush` `Photoshop`

スカルプト
Digital Sculpting

216 | 001 | Explosion
`ZBrush` `Maya`

226 | 002 | Wooly Dragon
`ZBrush`

232 | 003 | Journey
`ZBrush`

238 | 004 | Frilled Fish
`ZBrush`

FEATURE

MUMA

Massive Unidentified Mystical Animal

本書のために制作した、
新作の幻獣アートについて。
デザインコンセプトを皮切りに、
ディテーリングやUV展開、
最終的な質感調整まで。
ZBrush、MARI、Mayaといった
DCCツールを使い分けながら
実際に僕が行なった
手順を詳しく解説します。

［主なツール］ ZBrush ｜ Maya ｜ Photoshop ｜ MARI

リアリティとオリジナリティのあくなき追求

　未確認生物を意味するUMAをもじって、"MUMA"（Massive Unidentified Mystical Animal）と名付けました。自分の創作ルールとして、一番最初のデザイン段階で、作品にもたせたいイメージを3つほど選ぶようにしています。この幻獣の場合は、神秘性、女性的、異星の生物というテーマでデザイン、造形しました。女性的な印象をもたせるため曲線を重視した形にし、異星の生物でありながらも説得力はもたせたかったので大型哺乳類のような脚を6本、尻尾を2本、目にあたる部分や体内はエーテルのような発光体や鉱石で満たされているという設定にしています。どんな設定でも考えるのは自由ですが、稚拙になってしまわないように存在感や説得力を出す術は常に追求していきたいです。

　本書を手に取ってくださった方の中には、ZBrushやMARIの機能をほとんど知らない方もいるかと思います。そこで、"MUMA"の解説では各工程のはじめにツールの基本機能やよく使うものをピックアップしたページも手短ですが、用意しました（併せてご参照ください）。前書きにも少し書きましたが、本書はツール自体の解説を目的としたものではありません。その代わりに、ツールのどんな機能を使って、どのようなワークフローをとれば効率良くフォトリアルな幻獣を制作できるのかに焦点を当てることを心がけました。そこからヒントなり制作のながれをつかんで自分のものとしていただければ幸いです。

STEP 01 コンセプトドローイング　Concept Drawing

1　まず頭の中のイメージをメモ帳などにラフに数種類描いてみました。この幻獣のテーマを決めます。エイリアンっぽい、感情が読み取れない不気味さ、多足、木や鉱物などの質感を入れる等々……自分が表現したい雰囲気やモチーフをとりあえず箇条書きしてみて、リファレンスを見ながらイメージを膨らませていきました。そうこうしているうちにこの2種類にラフデザインが落ち着きました。

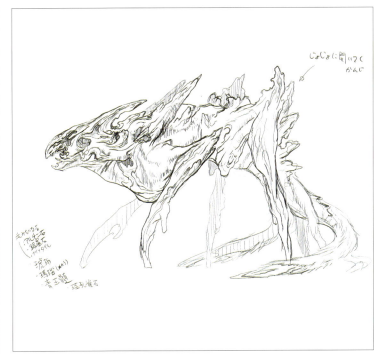

2 ❶ラフスケッチを撮影してPhotoshopに読み込み上から書き足したりしながら試行錯誤を重ねていきます。描いてみてより最終的なイメージが鮮明になったこちらのデザインでいくことに決めました。❷形や顔の特徴、シルエットの情報量をはじめに決めておくとZBrushによるスカルプトを迷いなくスタートできます。この場合は、足や背中から尻尾にかけてはシンプルに、頭と背中はすこし特徴的な思いきったシルエットにして粗密を出しています。

3 色味も軽く着けてみました。白と黄色ベースで差し色として鮮やかなエメラルドグリーンを使いたいと思います。

STEP 02 コンセプトスカルプティング　Concept Sculpting

前項で紹介した手描き（2D）スケッチを、ZBrushによるデジタルスカルプトによってコンセプトモデルを形づくっていきます。今回は具体的な手順を紹介する前に、ZBrushの主なUIと機能を紹介します。

基礎解説 ❶　　　ZBrush編

A ツールバー
ここに様々なメニューや機能が収納されています。

B スカルプトの際は、Editは常にONにしておきましょう。Draw、Move、Scale、Rotateは、各々Q、W、E、Rのショートカットキーで呼び出せます。

C スカルプトの際に使用するブラシの強さ（Z Intensity）、ブラシの減衰（Focal Shift）、ブラシサイズ（Draw Size）の調整スライダです。Zaddはストロークが法線方向に盛り上がり、逆にZsubは凹みます（Altを押すと反転）。

D LightBox →
ブラシやSubTool、アルファ、テクスチャ、ノイズなどのプリセットが多数収納されています。

E ブラシパレット →
ここに数多くのブラシが収納されています。ブラシパレットに含まれていないブラシは、LightBoxのBrushフォルダに入っています。

F ストロークパレット
ここでストロークの種類を選べます。

G アルファパレット
Alpha（白黒画像）が多数収納されています。アルファを利用して、シワやウロコなどディテールをスカルプトすることができます。

H テクスチャパレット
ペイント時に使うテクスチャ類が収納されています。画像を読み込んで使用することも可能です。

I マテリアルパレット
ZBrushのビュー上に表示されているオブジェクトのマテリアルをここで選択できます。筆者がよく使用するのは、Basic Material、Skin Material、Flat Materialぐらいです。

J カラーパレット
選択中のSubToolのマテリアルの色やPolypaint時の描画色を指定することができます。

K Persp
パースのON/OFFが切り替えられます。

L Local
カーソルが置いてあるところを基点に、ビューポートが操作できます。基本ONで良いでしょう。

m Transp
選択中のSubTool以外を透過表示させます。

n Solo
いわゆる孤立モード。選択中のSubToolのみをビュー上に表示します。

O Tool →
ツールメニュー群です。主にスカルプト中に使用する機能の多くはここに配置されています。ZBrushファイルのロードやセーブは、上段の[Local Tool][Save As]から。下部のSubToolやGeometryメニュー内にDivideやDynaMesh、ZRemesherなど、本書でよく使う機能が含まれています。

D LightBox

LightBoxの中身。図のように数多くのプリセットが入っているので必要に応じてダブルクリックで呼び出します。

E ブラシパレット

ブラシパレットの中身。多数のブラシが入っていますが、実際に筆者がよく使うのはハイライトしたものぐらいです。メカなど、硬いもの（ハードサーフェス系）をつくる際はその他のブラシも併用しないと厳しそうですが、モンスターなどの有機的なモチーフの場合はこれぐらい使えれば十分でしょう。

○ Tool

❶ SubTool

SubToolとは、オブジェクトが入った1つのグループのようなZBrush特有の概念です。SubToolごとにDuplicate（複製）やDelete（削除）、Insert（挿入）といった処理も可能です。1つのSubToolは、オブジェクトが1つだけでも、複数のオブジェクトが入っていても成り立ちます。選択中のSubTool内に複数のオブジェクトが入っていたり、複数のPolygroupが存在している場合などは、Splitメニューからそれらを複数のSubToolへ分けることができます。逆に、Mergeメニューから複数のSubToolを1つに統合することも可能です。

❷ Geometry

選択中のSubToolに対して様々な処理が行えます。例えば、Divideは選択中SubTool内のオブジェクトのポリゴン数をサブディビジョン分割（元のポリゴン数の4倍）に変換します。Divideを実行するとSDivレベルが生成され、それぞれのレベルを行き来しながらスカルプトを行えるようになります。

❸ DynaMesh
DynaMeshは非常によく使う機能です。例えば、MoveブラシやSnakeHookブラシでオブジェクトを極端に伸縮させると、ポリゴンが伸びたりつぶれてしまいがちです。そんなときにDynaMeshを使うと、オブジェクト全体のポリゴン1枚1枚の面積を均等に再分割して均してくれます。Resolutionスライダでは、DynaMesh時の分割解像度を決めることができます。BlurやProjectボタン、SubProjectionスライダは再分割時の形状の保持具合を決める項目です。

❹ ZRemesher
ZRemesherは、ZBrushの自動リトポロジー機能です。UVを開いて質感付けを行う際やMayaなど外部のDCCツールへ書き出してアニメーションやレンダリングを行う際には必ずリトポを行う必要があります。Target Polygons Countスライダで目標ポリゴン数の目安を設定できます。また、Use Polypaint機能を使うと、リトポロジー後のポリゴンの密度を調整可能です。なお、商業アニメーション案件では、フェイシャルやリグが絡んでくるので原則として自動リトポはNGです。モデラー志望の方はモデリングだけでなく、リトポの正しい知識をしっかりと身につけましょう。

❺ Mirror And Weld
片側をもう片側にコピペできる機能です。ボタン右上のXYZを指定することで、どの軸に対して処理をするのか決めることができます。

❻ Del Hidden
現在非表示のポリゴンを削除できます。こちらもよく使う機能なので覚えておきましょう。

❼ Masking
様々な方法でマスクをかけることができます。Mask By Cavityは、特に使用頻度が高いです。ディテールを掘った後にその凹凸を利用してマスクをかけてくれるので、ZBrushでカラーペイントを行う際などに重宝します。Cavityマップとして書き出すことも可能です。

❽ Polygroups
Polygroupとは、ZBrush内でのオブジェクトを任意のポリゴンのまとまりごとにグループ化する機能です。表示非表示の切り替えや、マスク、SubToolの管理、UV展開など、Polygroupを分けることでこれらの操作が手軽に行えます。こちらも様々なかたちでPolygroup化が行えますが、使用頻度が高いのはAuto Groups、Uv Groups、GroupVisibleです。

011

1

それでは具体的な手順を解説していきます。まずはZBrushでラフスケッチを基に土台となる形（プライマリシェイプ）をつくっていきます。［LightBox→Sphere］を選び、DynaMeshのResolutionを64ぐらいにしてMove、Clay Tubesブラシなどで形づくります。首、胴体、腕など各部分で断面図を意識しながら単調な形にならないように気をつけます。

2

胴体ができたら足を生やしていきます。Ctrl＋ドラッグでMaskをかけて、Ctrl＋クリックでMask反転させてMoveツールで伸ばします。伸ばし終わったら、DynaMeshをかけメッシュを整えてからClay Tubesブラシなどで形を整えていきます。

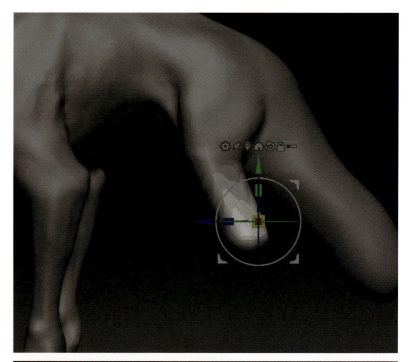

3 次に肩にある突起をつくっていきます。マスクをかけてからSnakeHookブラシを使って一気に伸ばします。一気に伸ばすとメッシュが崩れてしまうのでDynaMeshをかけて整え、Inflatブラシなどで太さを綺麗に整えます。

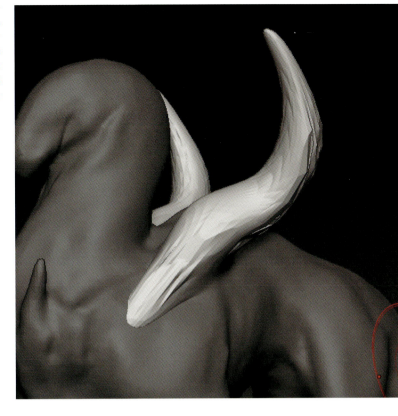

4 Standardブラシなどで徐々に立体感を与えていきます。DynaMeshの解像度はなるべく低めを保った方が細かいところに気をとられなくてすむので、Resolutionは64のままです。

5 角を生やしました。こちらも先ほどと同じようにMask→SnakeHookブラシで伸ばしてDynaMeshというながれです。

6 顔の角や突起の立体感を整えました。ただ伸ばすだけでなく螺旋構造を意識すると、自然と形の複雑度（情報量）が増します。

7 土台となる形（プライマリシェイプ）の中での凹凸をさらにスカルプトしていきます。スカルプトする順序はデッサンと同じで必ず、土台の形（プライマリシェイプ）→それに準する2次的な形（セカンダリシェイプ）→さらにたるみや小さな隆起など（サードシェイプ）……といった具合に大きいものから小さいものへ移るようにしましょう。ClayTubesブラシで筋肉の凹凸を表現していきます。

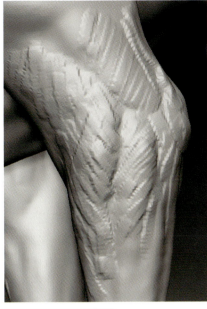
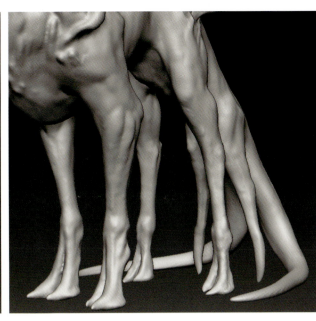

8 このような感じで徐々にセカンダリシェイプをスカルプトして情報量を増やしていきました。

9 頭の先端に付いている小さい角はアシンメトリーな形状にしました。こちらもSnakeHookブラシで片方ずつ伸ばして大体の形状をつくり、MoveTopologicalブラシで微調節しました。

10 だいたいの形が定まったらDynaMeshを消した後、Divideしてポリゴン数を増やし、さらに細かいスカルプトを施していきます。

11 筋肉や角の立体形状までスカルプトを終えたら、サードシェイプを入れていきます。このモデルの場合サードシェイプは、関節付近のシワや、角や突起のシルエットが複雑な部分や微妙な凹凸です。

12 Dam StandardブラシやZ Intensityを下げたStandardブラシなどを使ってシワや溝、微妙な皮膚の緊張感やたるみ、突起部の隆起を表現していきました。

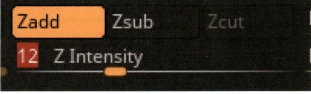

13 胸部の凹凸や脚部の血管や筋はStandardブラシのIntensityを上げたものを使ったり、Dam StandardブラシのIntensityを下げたものを使用しました。

14 角部分の表面に質感のちがう層のような構造をつくりたかったので、それをつくります。Maskをかけて反転させた後、Deformationメニューの中のInflateスライダを左側にドラッグし、微妙な凹凸を作成しました。初めに描いたイメージスケッチの青い部分ですね。

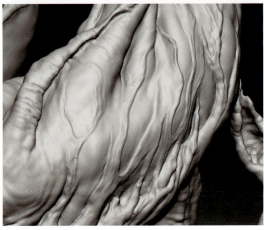

15 頭の角部分にも同じような構造を作成しました。これで、後ほど質感を分けるところを立体的に区別することができます。Inflateで凹ませたところは青い鉱石のような質感に、そのほかの部分は貝殻のような質感にしていきます。

16 最後に足の先端や爪など細かいところの形状をDam StandardブラシやMoveブラシで整えて、コンセプトスカルプトモデルは完成です。次の工程（STEP 3）では、この大量のポリゴン数のコンセプトスカルプトモデルをローポリに変換（リトポロジー）した後、UV展開していきます。

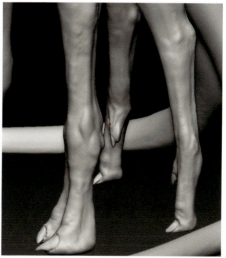

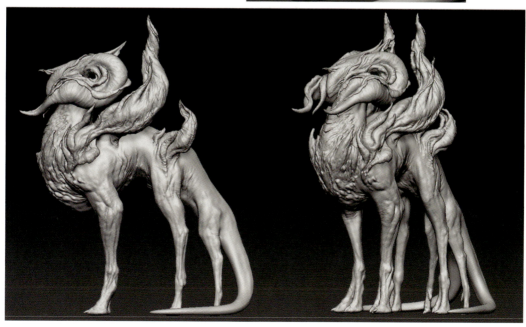

STEP 03 リトポロジー&UV展開 Retopology & UVs

コンセプトモデルに対してリトポロジーを施します。その上で、UV展開とその調整を行います。UVの調整作業にUDIMを用いるため、最初にUDIMの概念と、その作業手順について紹介します。

基礎解説 ❷ UDIMの概要

UDIM
UDIMとは、UVを通常の0〜1範囲以外の領域にまで配置し、それら全てのテクスチャをUDIM番号を使って連番テクスチャとして管理する手法になります。その語源は「U-Dimension and design UV range.」の最初の4文字みたいです。UDIMを用いることで、大量のテクスチャを1つの名前で管理することができます。Maya、MARI、Mudbox、Substance Painterなど主だったアプリケーションはUDIMの読み込みや書き出しに対応しているので、今回のような巨大なクリーチャーのアセット等のテクスチャ管理に最適なフォーマットです。

パッチ
上手の枠線（緑）で囲っている部分が、MARI上のUDIM番号です。なお、MARIではパッチ（Patch）という用語が頻繁に使われるのですが、パッチとはUVそれぞれ1方向ずつの領域のことを意味します。四角（オレンジ）で囲んだ部分が1パッチです。図の場合は合計8パッチのUVを保持したオブジェクトということになります。

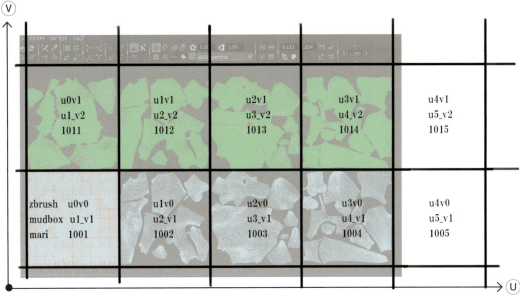

UDIM番号
UDIMで作成したテクスチャを読み込む際に、「これはUDIMだよー」と、アプリケーション側に判断させるための識別番号と考えてもらえば良いと思います。アプリケーション別の番号と対応場所は図のとおりです（この機会に覚えましょう）。

---

1 まずコンセプトモデルのSubToolをDuplicateしておきます。ZRemesherを使用して前章で作成したコンセプトモデルをリトポロジーします。[SubTools→ZRemesher]メニューからTarget Polygons Countスライダを上げ下げしてリトポロジー後のポリゴン数の目安を定めます（1＝1,000ポリゴンですが、必ずそのポリゴン数になるとは限りません、あくまでも目安）。ZRemesherをクリックして自動リトポロジーを実行します。

2 シンメトリーの状態でZRemesherを実行したため、アシンメトリーで作成した角の先端部分がおかしくなってしまいました。ですが、今回のような局所的な非対称箇所はポリゴンモデリングで修正します。今回は、後述するMayaで修正作業を行いました。

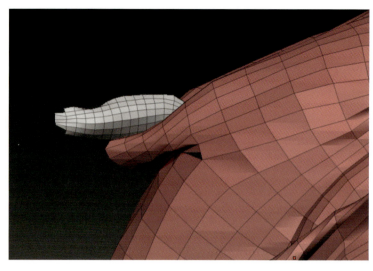

3 次にPolygroupを分けていきます。Polygroupとは、ZBrush内で1つのSubToolを複数のグループに分ける機能のことです。これによりグループごとの表示非表示、マスク、UV展開などが可能になります。Ctrl＋Shift＋ドラッグでグループ分けしたいところのみを表示状態にして[Polygroups→Group Visible]でそこだけグループ分けをします。

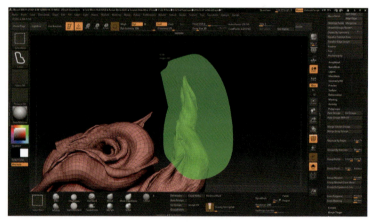

4 入り組んだ形状のところなどは、まずは先端のみ表示させた状態で[Visibility→Grow]を実行し、表示範囲を徐々に広げてねらった箇所のみを表示した状態にしてください。その上でGroup Visibleを実行します。

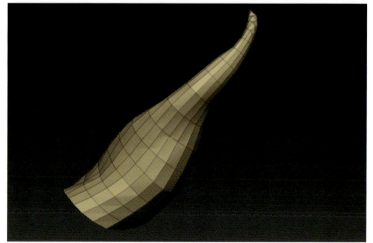

5 この作業をくり返して、図のようなPolygroupを作成しました。次はZBrushで簡易的にUV展開を行なっていきます。UVを綺麗に並べるために、後ほどMayaで修正作業も行います。

6 ウインドウ上方のメニュータブから［Zplugin→UV Master］を開き、PolygroupsをONにしてUnwrapをクリック。すると先ほど分けたPolygroupごとにUVが開かれます。［UV Master→Flatten］をクリックで、UVを確認することが可能です。

7 UV展開が完了したら、MayaへOBJ形式でモデルを書き出します。先ほど解説したようにMayaで非対称箇所の修正とUVの調整を行なっていきます。まずは頭部先端の角を修正しました（誌面スペースの都合上、ポリゴンモデリング説明は割愛しました）。

8 UVを修正します。このモデルは大半がシンメトリー構造なので、まず左半身のみUVを微調整します。先にZBrushで作成したUVがあるのでそれを再配置するだけです。

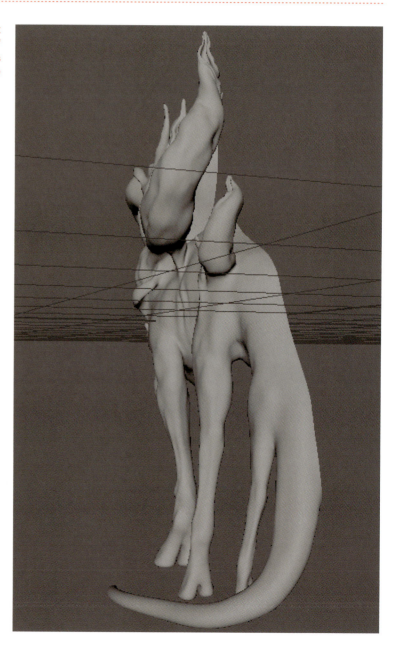

9 今回は、UDIMを用いたUVセットを作成します。UDIMとは、1つのアセットのUVをU1V1、U2V1、U3V1……と並べて配置して複数のテクスチャを番号で管理する手法です。膨大な数のテクスチャでも管理が楽な点から巨大なアセットにはこの手法が適しています。

10 左半身のUV配置が完了したら、モデルをDuplicate Specialで反転コピーします。右半身のUVを選択し、UV Editorの右上の数字を1に設定し上矢印を押します。するとVに＋1方向だけ選択しているUVが移動します（UVをこのような配置にする理由は、後述するMARIによるシンメトリーペイントのためです）**1**。このモデルのUVは、8パッチで1種類のテクスチャに対して8枚のテクスチャで構成されることになります**2**。UVを配置し終えた後に右半身と左半身をマージするのを忘れないようにしましょう。

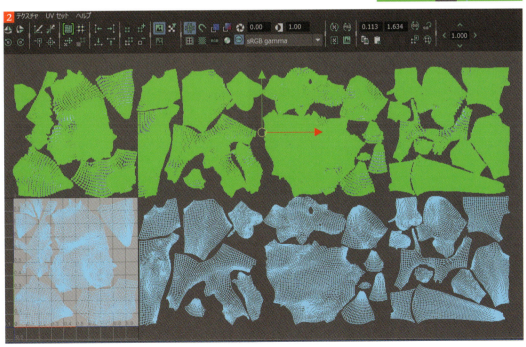

11 角の先端部分のみ非対称形状なので、ここだけ別でUV展開し、配置します。これで全てのUVとローモデルデータが完成しました。OBJで書き出して再びZBrushに戻ります。

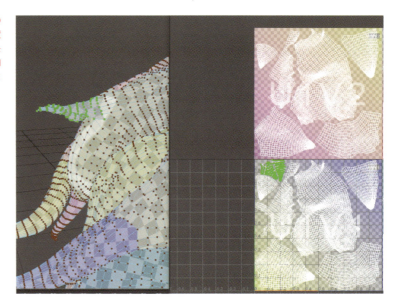

12 ZBrushに戻り、修正したモデルを読み込みます。前工程にて複製しておいたコンセプトモデルのディテールを転写するため、Divideしてポリゴン数をコンセプトモデルと同等あたりまで上げます。このモデルの場合は3Mil近くになるまでDivideしました。

13 リトポロジーした方のSubToolを選択した状態でコンセプトモデルのSubToolを表示状態にします。[SubTools→ProjectAll] でディテールを転写したら作業完了です。次はいよいよ細かいシワなどのディティーリングに移っていきます。これ以降、コンセプトモデルはもう使用しないのでDeleteしてもかまいません。

STEP 04 ディテーリング Detailing

ディテーリングは、全て手作業でやればクオリティが上がるというものではありません。リアルなものを作成したいのであればむしろ写真を効率良く使わなければスピードも質も落ちてしまいます。『MUMA』では、手作業と写真の加工をどのように使い分けをしたのか解説します。

基礎解説 ❸ MARI編

プロジェクトの作成

基本的なUIや、筆者がよく使うツールを紹介します。MARIを起動したら、まず左下のNewをクリックして、新規プロジェクトを起ち上げます。新規プロジェクト(New Project)ウインドウが表示されたら、Pathのスロットをクリックして読み込みたいオブジェクトを選択。Texturesの項目では、すでに作成済みのテクスチャを読み込むことができます(筆者は使ったことがありません)。選び終えたらOkをクリックすると作業画面に切り替わります。

A メニューバー
ここに全ての機能が収納されています。必要に応じて呼び出します。

B 左から順に、
・全てのレイヤーを表示
・選択中のレイヤーより下層を表示
・選択中のレイヤーのみ表示
・選択中の効果のみ表示(Maskや調整レイヤーなども孤立表示が可能)

C ツールバー
ここから選択ツールや描画ツールにアクセスできます。ビュー上で画像を変形できる「ワープツール」、画像をそのまま転写できる「プロジェクションブラシ」、「コピーブラシ」などかなりよく使用します。

D ビューのカラースペースやゲイン、ガンマ値などが設定できます。テクスチャやレイヤー、チャンネル自体のカラースペースには影響を与えずに、あくまでビューのみに反映されます。

E ブラシやマスクの設定、ライトやオブジェクトの管理など、ここにあるメニューからアクセス可能です。ここに表示されていないものは[View→Palettes]から検索できます。

F レイヤーパレット
レイヤーを右クリックすることで各レイヤーにマスクや調整レイヤーなどを作成できます。

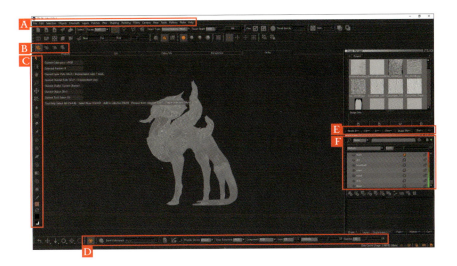

ブラシのプロパティ

Brush Editorのタブ「Properties」に切り替えると、ブラシの設定が行えます。筆圧やジッター、ノイズや描画中のスペーシングなど、全てここで調節可能です。下部のパレット部分が試し書きスペースになっています。

ブラシのプリセット

Brush Editorのタブ「Presets」に切り替えると、MARIにデフォルトで用意されているブラシが表示されます。メカなどのハードサーフェス系、クリーチャーなどに使えるオーガニック系など、かなり優秀なブラシが揃っています。もちろん、ここにあるものは全てプロパティで編集可能です。

ディスプレイプロパティ

「Display Properties」は、ウインドウ上部メニュー内の［View→Display Properties］から呼び出せます。ここではビュー上の表示設定の編集、変更が行えます。

ライトパレット

「Lights」は、シーン内のライトを管理するUIです。Environmentライト（HDRIを使った環境光）と、その他4つのライト（ポイントライト）でライティングします。

シェーダパレット

「Shaders」では、主にオブジェクトに割り当てるマテリアルを作成、編集します。オレンジでハイライトされた選択中のマテリアル（図ではBRDF）が、現在オブジェクトに割り当てられているマテリアルです。左下の+マークのアイコンから新規マテリアルを作成します。さらにその下の「Inputs」メニュー内の各スロットに作成済みのチャンネルを割り当てることで質感が反映されます。

プロジェクションパレット

「Projection」では、主にマスクの管理を行います。［Masking → Mask Preview Enabled］にチェックを入れることで現在有効になっているマスクをビュー上で確認できます。右側のスイッチをONにして、緑色になっているものが現在有効なマスクです。Edge Mask、Channel Mask、Backface Maskは特によく使います。

レイヤーパレット

レイヤーを右クリックすることで各レイヤーにマスクや調整レイヤーなどを作成できます。

左側のツールバー
（よく使うもの）

- 選択ツール（パッチやフェースごとに選択可能）
- ぼかしツール
- ワープツール
- ブラシツール
- 消しゴムツール
- プロジェクションブラシツール
- コピースタンプブラシ
- スポイト
- 描画色

シェーディングモード
左から
フラットカラー
ハイライトなし（lambert）
ハイライトあり（blinn）

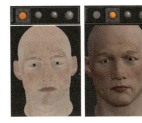
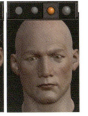

オブジェクトパレット
「Objects」では、現在シーン内にある全てのオブジェクトを管理できます。表示／非表示の切り替えや複製、削除、新規オブジェクトの追加などが可能です。

コンテキストメニュー
ビュー上で右クリックすると、コンテキストメニューを呼び出せます。オブジェクトの表示／非表示の切り替えや選択モード、塗りつぶし等の操作がここからも可能です。

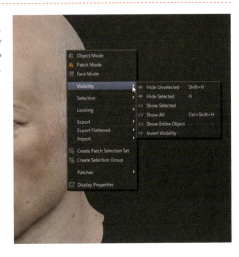

UVビュー
上部のタブを切り替えることで、UVビュー、オーソグラフィックビュー、パースビューなど、各種ビューポート表示に切り替えることができます。MARIでは、UVビューでの描画も可能です。パッチごとのレイヤーの塗りつぶしやコピー＆ペーストなども行えます。

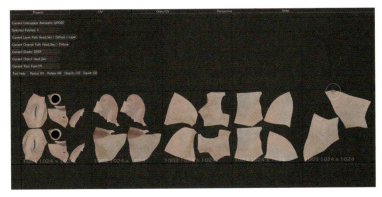

1 さあ、いよいよディテールを入れていきます。モデルをさらにDivideしてポリゴン数を増やした後、StandardブラシやDam Standardブラシ、Slash3ブラシ、Inflateブラシなどを使い、皮膚がたゆんでいる感じや溝や角の微妙な凹凸をさらに描いていきます。

2 ディテールのデザインは全体の一貫性を崩してしまわぬようにベースとなる形状とながれを常に意識しつつ、単調にならないようメリハリをもたせることが大切です。胸の部分の隆起のながれ、角の曲線などなど、大切にする部分を崩さず情報量を増やしていきます。

3 顔をつくり込みます。ここも角部分と同じく質感を分けたい部分のみ少し凹ませます。目はありません。少し不気味ながらも綺麗めな印象を与えたいと思ってつくっていたらこうなりました。

4 表面の細かいシワなどはAplhaを使ってもいいのですが、今回はMARIを使用し、写真からディテールを拾ってくる手法をとります。SDivレベルを下げ、OBJでMARIへモデルを移します。

5

MARIを起動します。[New→New Project]ウインドウ内の[Geometry→Path]に、今ZBrushから出してきたOBJを選択してOKをクリックでプロジェクトを作成します。まずディテールを書き込んでいくためのDisplacement Channelを作成します。Channelタブの左下のアイコンをクリックし、チャンネルを作成（MARIでいうチャンネルとはペイントするためのレイヤーやノードを収納する箱のようなものです。まずチャンネルを作成し、ペイントのためのレイヤーを作成していきます）。Displacementマップとして活用したいので32bitのLinearで作成します。作業を進める上ではテクスチャのガンマやカラースペースの知識が必要になるので覚えましょう。

6

Image Managerタブの左下のアイコンをクリックし、あらかじめ用意しておいた白黒画像（Displacementマップとして使用するため、16bitや32bit画像を推奨。簡単に言うと普通のjpgやpngなどの8bit画像よりも情報量が多く含まれた画像です）を読み込みます。その際は画像のColorspaceに留意してください。読み込むと、図のように一覧として画像を見たり、MARIの中でFilterなどを適用して加工することもできます。

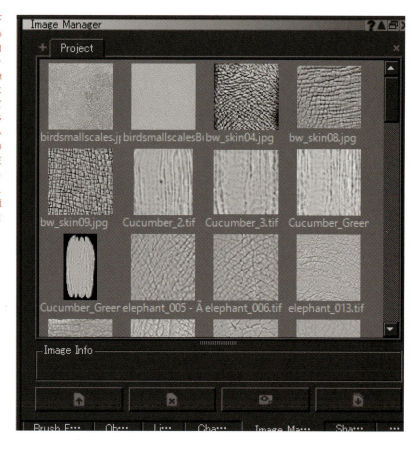

7 レイヤーを作成し、Image Managerに読み込んだ画像をビュー上にドラッグ＆ドロップすると、図のようにモデルに転写できるモードになります。まずは皮膚の細かいシワの画像を転写していきました。ブラシを変更したい場合は、ショートカットキー［K］でブラシ一覧が表示されます。ペイントする際はなるべくフラットマテリアルモードをオススメします。

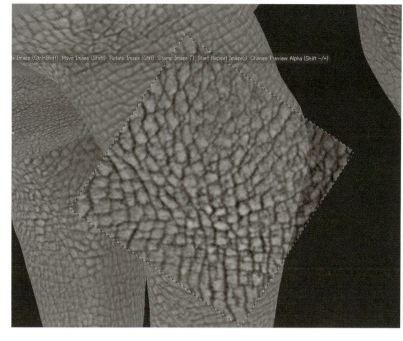

8 この手法でいろんな画像素材を使用しながら体全体をペイントしていきます。形が歪（いびつ）なところなどは、ワープツールを使用して画像を変形することができます。また、使う画像ごとにレイヤーを分けておくと、後から微調節が行えるので楽です。後工程で右半身へコピー＆ペーストできるので、まずは左半身だけペイントしていきます。

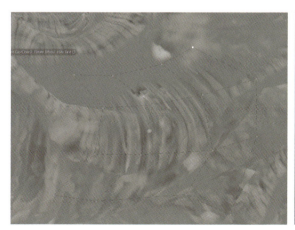 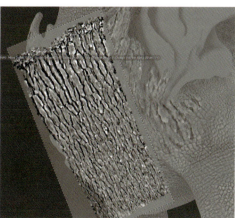

9 左半身のみペイントができたら、選択ツールで左半身のUVパッチのみ選択し、Copy Texturesツールを使って右半身にコピー＆ペーストします。［Patches→Copy Textures］ウインドウでOffsetに10を入れて実行します（この場合コピーしたい先のUVパッチ番号がソースのUVパッチ番号＋10のため）。

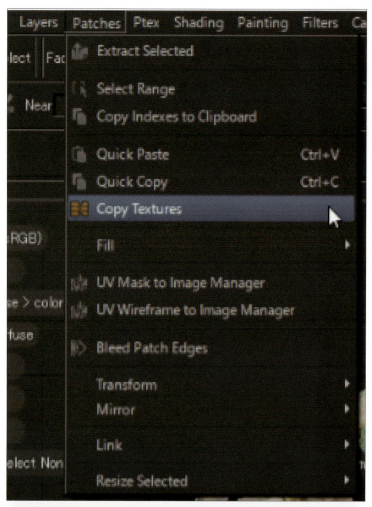

10 MARIには強力なマテリアル機能も備わっているので、それを使って質感を確認してみます。Shadersの左下アイコンをクリックし、BRDFというマテリアルを選び作成します。

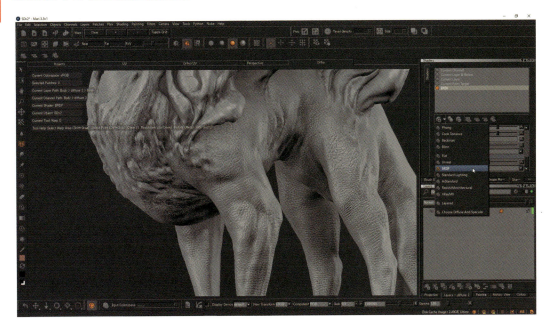

11 BRDFを選択し、BumpのスロットにDisplacementチャンネルを割り当てます。シェーディングモードをハイライトの入るものに変更し、ビュー上でモデルがライティングの影響を受けるようにします。そして、BRDFマテリアルメニューの下の方にいき[Bump→Bump Weight]スライダを調節してプレビューを見ながら凹凸の具合を確認します。

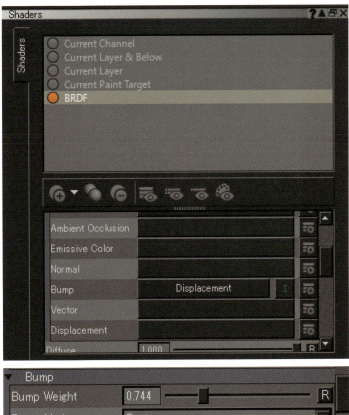

12 レイヤーのOpacityなどを変えつつ、ちょうど良い凹凸感を模索します。

13 良い感じになったら［Channel→Displacement］を右クリックし［Export Flattened→Export Current Channel Flattened］を選択します。出力ウインドウが表示されるので、任意の名前とColorspaceがLinearであることを確認。拡張子をTIFFにしてExport All Patchesをクリックしてテクスチャを書き出します。

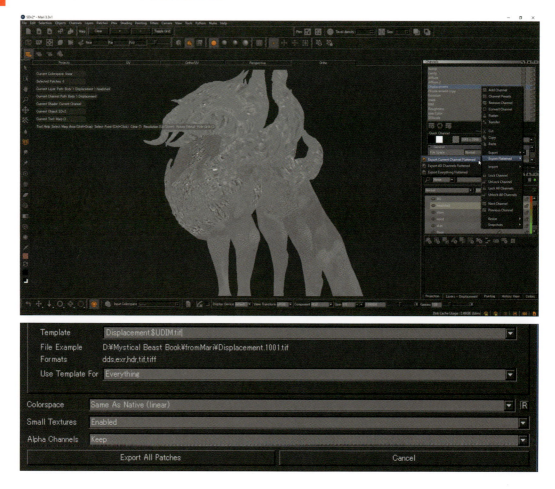

14 ZBrushに戻り、UVのパッチ（Mayaで整理したUVの、U1V1、U2V1などのそれぞれの領域）ごとにPolygroupを分けておきます。パッチがU1V1のみのUDIMでないモデルセットの場合は、この作業を行う必要はないのですが、今回のモデルの場合、左半身4パッチ、右半身4パッチの計8パッチです。

15 MARIで作成したDisplacementマップを実際のポリゴンの凹凸へ変換する作業を行います。十分にDivideした後、Layersタブでレイヤーを作成しておきます。RECマークが表示されていることを確認。Layerにスカルプト情報を入れることにより、後で凹凸の強度をレイヤーのスライダで調節することができます。

16  MARIからエクスポートしたDisplacementマップを［Alpha→Import］から読み込みます。ZBrush内ではUVが上下反転してしまう仕様があるため、それに合わせて読み込んだマップもFlip Vボタンで上下反転させます。

17 ［Tools→Displacement Map］タブのスロットから読み込んで反転した画像を選択します。Disp Onをクリックして Intensity スライダを少し上げます。すると、モデルに凹凸が反映されているのが確認できるはずです。この凹凸具合は、Intensityの数値を変えることで調節可能です。

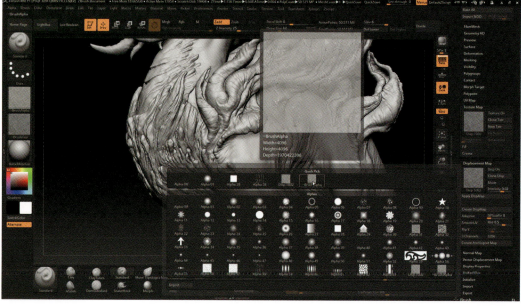

18 このとき、必ず現在Displacement Mapスロットで選択しているテクスチャの範囲のみのポリゴンを表示するようにしてください。Apply DispMapをクリックしてモデルへ凹凸を適用します。この工程（Alphaにテクスチャ読み込み→FlipV→DispMapスロットで選択→Apply DispMap）をくり返し、各UVパッチごとにディスプレイスメントを凹凸に変換していきます。

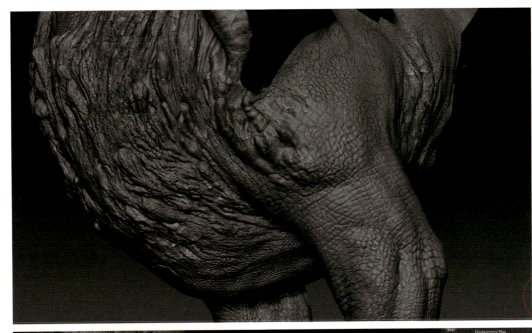

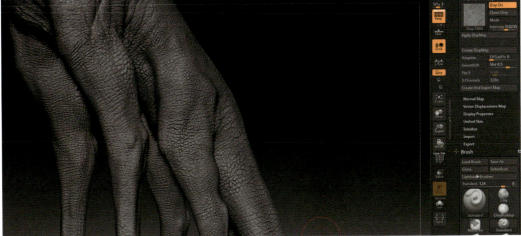

19 全てのパッチを適用し終えたら、さらにLayersタブでスカルプトレイヤーを追加。元の形状と、今適用したディティールを馴染ませたり、部分的にシワを強調したりといった具合に、手作業でスカルプトを重ねていきました。

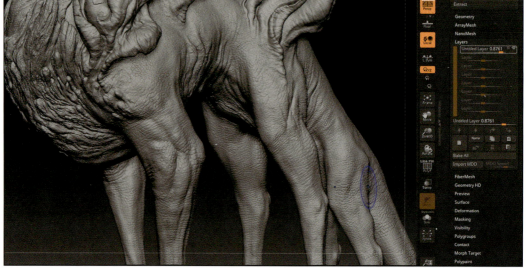

20 Surfaceタブ内の[LightBox→Noise Maker]でサーフェスノイズを追加します。Editボタンをクリックすると、ノイズ調節用のウインドウが表示されるのでNoise ScaleやStrengthスライダ、グラフを使い、ノイズの出具合を調節しました。

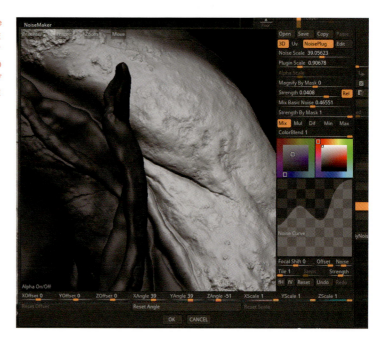

21 Apply To Meshを実行するまではあくまでプレビューなので、好みのノイズパターンができたらボタンをクリックして確定します。マスクと併用するとピンポイントにノイズをかけるとこも可能です。

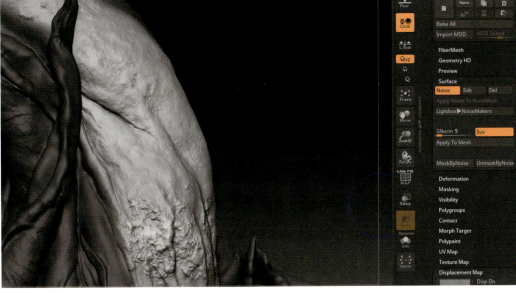

22 全てのディテールが入れ終わったら、Multi Map Exporterを使い、今回はDisplacement、Normal、Cavityマップの3種類をZBrushから書き出します。設定は図を参照してください。Displacement Mapは32bit、3Channel、OpenEXR形式で、NormalとCavityはTIFF形式で出力します。

STEP 05 テクスチャリング&シェーディング Texturing & Shading

今回はMARIでカラーテクスチャを描き始めるのではなく、まず簡単にZBrushのPolypaintを使ってベースとなるカラーテクスチャを描きました。さらにMARIでスペキュラ、ラフネスなどMayaでの質感設定やレンダリングに必要なテクスチャ類をペイントしていきます。このとき先ほどZBrushから出力したCavityマップが大いに活躍します。

1 まずはZBrushのPolypaintでベースの色を描いていきます。ZBrushでテクスチャを描く際、MaterialをSkinに変更すると色がとても見やすくなります。コンセプトスケッチどおり、白や黄などでベースの色を塗ります。

2 そこからさらに色の濃淡や場所ごとのコントラストを付けていきます。角のエッジ部分はやや明度を下げ、足の先端にいくにつれ濃い青緑に変化するよう、遠目から見て色の変化がわかるよう心がけました。

3 角の凹凸付近の模様や皮膚の溝の部分の色を強調しました。ZBrushにはポリゴンの凹凸を利用してマスクをかける「Mask By Cavity」という機能があります。[Masking→Mask By Cavity]からパラメータを調節し、マスクをかけて皮膚の細かい溝部分などの色を少し赤や明度の低い色にしていきました。これにより大分リアルな凹凸感や肉感がでます。よく使う機能です。

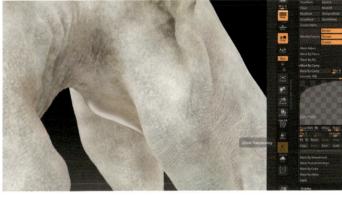

4 MaterialをFlatに変更すると、よりダイレクトに色味を確認することができます。ZBrushでのベースカラーはこんな感じに落ち着きました。このキャラクターの印象として神秘的な雰囲気を醸し出させたいので、あまりきつい色やコントラストや模様は避けて、グラデーション的に色がなめらかに変化するように心がけました。

5

ベースカラーが描けたら［Zplugin→Multi Map Exporter］でTexture From Polypaintをクリックし、Create All MapsでPolypaintをテクスチャとしてエクスポートします。このとき必ずモデルのSDivレベルが最大値になっていることを確認してください。

6

MARIで質感分けの際にマスクとして使うための白黒画像をZBrushでペイントしておきました。Polypaintを使用する理由は、どんなにハイディテールなモデルへのペイントでもGPU処理を伴わないので、低スペックのグラフィックボードを搭載したPCでも処理が速く安定していると感じるからです。こちらも同じくMulti Map Exporterで書き出します。

7

MARIに移り、必要なテクスチャの種類分のチャンネルを作成します。今回作成したチャンネルは以下の通りです。Diffuse（8bit、sRGB）、Specular Color（8bit、sRGB）、Roughness（8bit、Linear）、Normal（8bit、Linear）、Emission（8bit、sRGB）、Displacement（32bit、Linear ※前工程までに作成済み）、Cavity（8bit、sRGB）、SSSScale（8bit、Linear）、Mask（8bit、sRGB）

8　先ほどZBrushから出力した、ベースとなるカラーテクスチャ、Cavityマップ、Normalマップ、マスクをそれぞれのチャンネルの新規レイヤーに読み込み（レイヤーを右クリック [Import→ImportIntoLayer]）ます。まずはディフューズテクスチャから作成していきます。

9　全体的にメリハリがないと感じたので、ところどころ濃い色や彩度の高い色を入れたり、ソフトライトなどで上から黄色を乗せていきました。

10　脚の先端のみ青いのも統一感がないと感じたので、上半身の白い部分にほんのりとエメラルドグリーンを乗せていきました。少し統一感が出ましたね。

11

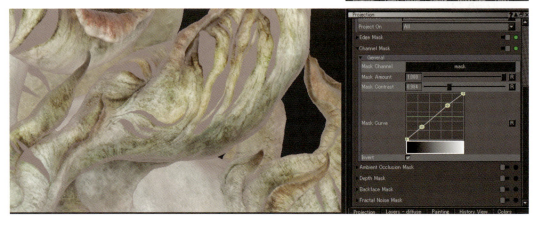

STEP 4(P27~41)でも少し解説したとおり、MARIでシンメトリーペイントを行うには、1つのレイヤーに対して左半身をまず描く→書き終えたら左半身を選択ツールでパッチ選択（緑色にハイライトされる）→Patches→Copy Texturesでソースとターゲットを決める（デフォルトだと同じレイヤーになっている）→Offset値で移動させたい数値を入れて実行をします。しくみがわからない人はUDIMの概要と各ソフトのUDIM仕様記号をしっかり覚えてください。

12

先ほどマスクチャンネルに読み込んだ白黒テクスチャをマスクとして利用し、青いオパールのような鉱石部分の色を塗っていきます。チャンネルをマスクとして利用するには、Projectionタブの中の「Channel Mask」という項目で任意のチャンネルを選択するだけです。マスクの可視化は[Masking→Mask Preview Enabled]をONにしてください。

13

青い鉱石部分を塗ると、図のような感じになりました。強いコントラストが生まれるので、そこに目が行きやすくなりましたね。

14 Cavityチャンネルも同じようにマスクとして利用することで、ZBrushのMask By Cavityと同様に溝部分、または溝ではない出っ張っている部分のみをペイントすることが可能です。関節部分の溝の色を彩度の高い鮮やかな赤系統にもっていくと説得力のある肉感を表現できます。

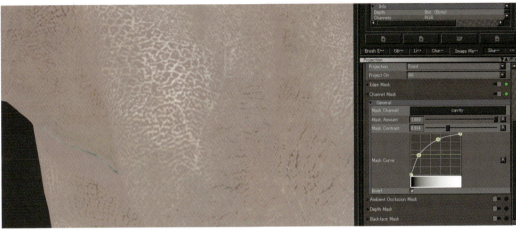

15 仕上げに写真を転写するプロジェクションブラシを使用し、オーバーレイなどで重ねることでディテールアップを施しました。写真素材をMARI内で編集する際は、Image Manager内の写真をダブルクリックで画像を別ウインドウで表示した後、Filterから任意のエフェクトをかけることができます。Photoshopと同じですね。

16 Diffuseテクスチャが描けたら、次はSpecular Color、Roughness、Emissionを描いていきます。このときDiffuseで描いたものをレイヤーごとコピー＆ペーストしたりして再利用すると大幅な時間短縮になります。レイヤー自体は異なるチャンネル間でもコピペできますが、このときそれぞれのレイヤーのビット数やカラースペースに注意してください。異なるカラースペース間でコピペする場合は、レイヤーを右クリックして出てくるメニューのLayer Propertiesでカラースペースを変更可能です。

17 STEP 4で作成したDisplacement ChannelをSpecularやRoughnessマップを制作する際に使いまわすと、より時間短縮になるかもしれません。今回はDisplacement Channelで作成してあったレイヤーをベースに、先ほどDiffuse Channelで作成したいつくかのレイヤーを組み合わせてSpecularマップを作成しました。彩度を落としたりコントラストを調節するには、Filter機能のほかにAdjustment Layerを利用する方法もあります。SaturationやHSVなど頻繁に利用するものもここにあります。

18 オパールのような青い鉱石部分は青い反射をさせる必要があったので、最終的に図のようなマップになりました。

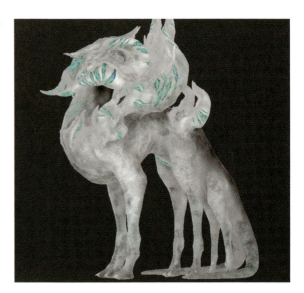

19 Roughnessは、Specular Colorからコピー＆ペーストしたレイヤーですぐに作成できます。ただ気をつけなければいけないのが、Roughnessはカラー系テクスチャではなく1〜0の数値を白黒として表現したデータテクスチャなので、カラースペースはリニアかRAWにする必要があります。Roughnessなので、白（1）＝ザラザラ、黒（0）＝ツルツルと考えて、白黒のバランスを整えていきます。

20 Emissionは発光表現に使用するテクスチャです。うっすらとオパール部分を自己発光させたかったので図のようなテクスチャを作成します。これもSpecularなどと同様Diffuseで描いたレイヤーを流用して作成しました。Emissionはカラー系テクスチャなので8bitのsRGBです。

21 SSS Scale Channelにて、Maya上でのSSSの設定の際に使用する白黒マップを作成しました。データテクスチャなのでリニアかRAWでチャンネルを作成してあります。このように皮膚が透過してほしい部分をやや明るく、透過してほしくないところは黒く描いていきました。

22 SSSで透過した際に拡散する色のテクスチャはDiffuse ChannelでHSVなどを作成し、彩度と明度を調節してつくりました。これでMayaでレンダリングする際に必要な全てのテクスチャ（Diffuse、Specular Color、Roughness、SSS Scales、SSS Color、Normal、Displacement、Emission）が完成しました。全てのチャンネルをExport Flattenedで出力します。このときTemplateネーミングのUDIM番号（.$UDIMという記号）を消さないようにしましょう。

STEP 06 レンダリング Rendering

いよいよ、仕上げの工程。今回はArnold 5でレンダリングを行いました。レンダリング後に若干のレタッチを施したら完成です。

1 ZBrushでマスクとMoveツールを使用してポージングしたモデルをMayaに読み込みます。

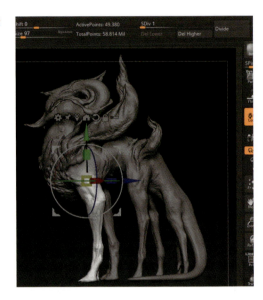

2 レンダラはArnold 5を使用します。バージョン5から「Ai Standard Surface」マテリアルが登場しました。生き物や木などの有機物、メカやプロップなどの無機物まで幅広く使えるマテリアルです。このマテリアルの各スロットにそれぞれテクスチャを割り当てていき、質感調節を行います。Materialの詳細は、Arnold 5の「Arnold for Maya User Guide」(https://support.solidangle.com/display/A5AFMUG/Arnold+for+Maya+User+Guide)を参照してください。

3 MARIから書き出したUDIMテクスチャ（ファイル名の中にあるUDIM番号が1001、1002、1003……のもの）を読み込む際は、ファイル名に1001の番号のあるものだけを選択した後UVタイリングモードメニューを「UDIM (Mari)」にすると、自動的に全ての連番が読み込まれます。DisplacementやRoughnessなどのLinearやRAWで作成したテクスチャを読み込む際は、必ずカラースペースを「Raw」に変更することを忘れないでください。

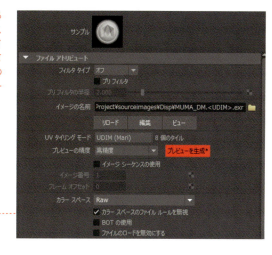

4

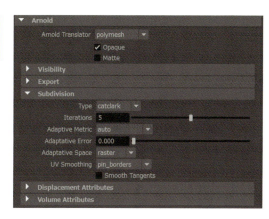

ArnoldでのDisplacementのレンダリング方法ですが、メッシュノードの[Arnold→Subdivision]からTypeとIterationsを変更する必要があります。モデルがレンダリング時に分割される回数をIterationsで指定（この場合は5）します。必要であれば、Displacement AttributesのHight値を変更してDisplacementの強度を変えることも可能です。

5 XGenを使い、背中としっぽに毛を生やしました。XGenの基本的な使い方と応用例は、『煙猫』(P184～192)で解説しているので併せて御一読ください。Maya内で素早く自由にファーが作成できる素晴らしいアドオンです。

6 最後にArnold Render SettingsのAOV Browserの中から必要なレンダーパスを選択し、Active AOVsに登録した後にレンダリングを実行します。あとはPhotoshopでレンダリングした画像を使い、レタッチすれば完成です。レタッチは特に難しいことはしていません。背景をブラシで描きそれに馴染ませるかたちで色味をトーンカーブや色相彩度で黄色方向にもっていき、その上からさらにやわらかいブラシで空気感や光の広がりを描いてスクリーンやソフトライトで乗せただけです。

STEP 07 完成 — Finish

表紙グラフィックとは別角度のレンダリングイメージになります。レンダーパスも併せて紹介します。

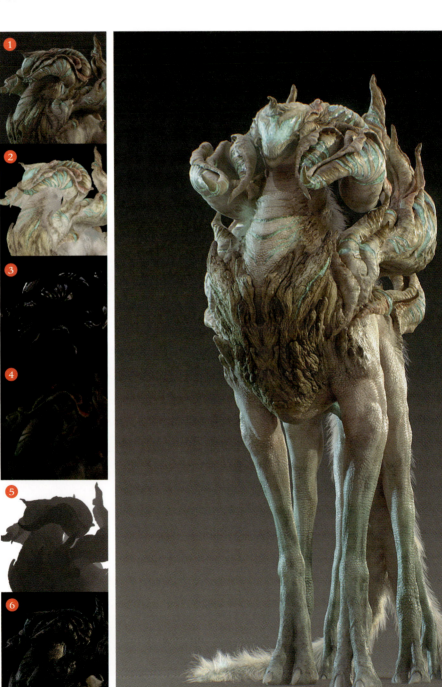

1. Beaty Pass
2. Diffuse Pass
3. Coat Pass
4. SSS Pass
5. Z Pass
6. Specular Pass

GALLERY

Thinking Man

Multi Preaching
(多説法菩薩立像)

p57
上／Interstellar 上／Bodyless
下／Fall into the moon 下／Leviathan

スピノサウルス

Moth Cat

Owl Griffin

上／Fairy　　　右中／きつね
左下／Serval Owl　右下／Bird

上／蟹の怪獣
下／巻々

Hedgehog Wyvern

蟹の怪獣

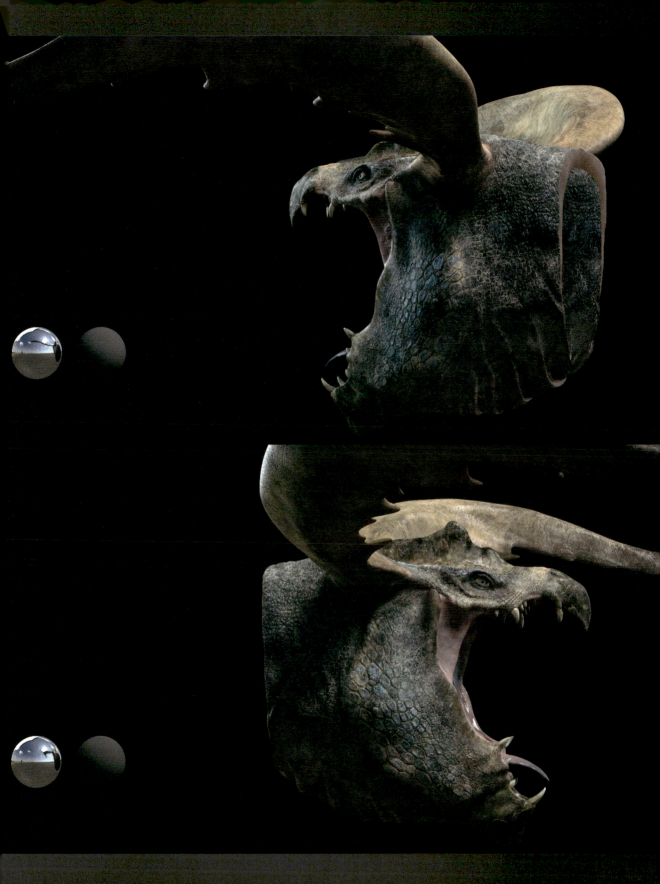

Blue Head

左上／Negative
左下／Wooly Dragon(gray)
右上／閻魔
右下／Creepy

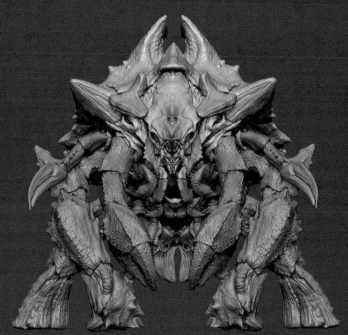

上／Turtle Creature
下／蟹の怪獣

Bat Creature

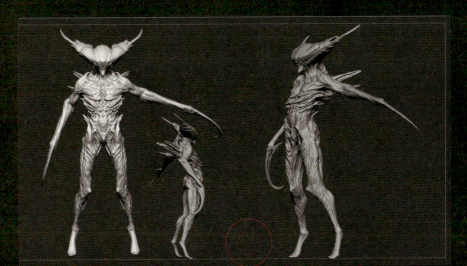

上／Hunting
中／Kerberos
下／Speed

Chtulhu

p75
上／流木龍
下／Zombie Griffin

上／The Point
下／Seaside

077

I know

DIVERSITY

幻獣

Mystical Beasts

001   Blue Head   004   Worm   007   Cthulhu
002   蟹   005   Mystical Beasts   008   Scaller Oarfish
003   架空の大型哺乳類   006   蒼犀竜   009   Iijumala

001
幻獣
Blue Head

[主なツール]　ZBrush　MARI

001 自然発生しない青色に、実在感をもたせる

　今回は「水辺に棲んでいる色鮮やかなドラゴン」、という設定で制作しました。ハイディテールモデルを一度つくってみたいと思っていたので、頭部に絞り込んで、それもUVを贅沢にタイリング（4K×39枚）して制作に臨みました。この作品は、個人創作の中では、コンセプトからコンポジットまで、これまでつくってきたモデルの中で最もじっくりと時間を費やしてつくり込めたかもしれません。鳥の鶏冠、亀の嘴、爬虫類のウロコ、トカゲの目元や舌、サイのシワ等、様々な動物の要素を取り入れてそれらを上手くブレンドする、ということもひとつの課題でした。青色を取り入れて、非現実的な面白い生き物として魅せながらも、実在感のある立体感やディテールになるよう心がけました。と言うのは、自然界では青色の色素は自然発生しません。青色をもつ動物たちの多くは、表面の反射層で光を特殊に反射させることによって擬似的に青色を作り出しているそうです（モルフォ蝶やヒクイドリ、クビワトカゲ等）。

STEP 01 コンセプトモデリング

コンセプトモデルとして、ラフに形状を作成します。ベースはMoveやClayブラシなどで、角はCurveTubeブラシを用いてスカルプト。ラフモデルが出来上がったら、リトポロジーした上でUV展開を行います。

1 まずはじめに、MoveブラシやClayブラシを用いて球体からラフモデルをつくります。DynaMesh機能を使い、シルエットが定まるまでいろんな形を模索しました。

2 角を追加します。CurveTubeブラシを使って制作しました。[Stroke→Curve Modifiers]タブ内のSizeボタンをクリックしてカーブグラフを調節することで、CurveTubeブラシで作成したモデルにカーブグラフで指定したようなスケールが適用されます。同じ要領で舌も追加しました。

3

次に、角と本体を同じSubToolにマージしてDynaMeshで結合します。全体の形が確定したらDivideしてポリゴン数を増やし、もう一段階細かい表面の凹凸をつくっていきます。

4

どこでラフモデルを完成とするかは人それぞれだと思います。今回はMARIなどの3Dペイントツールで塗ったテクスチャをベースにディテーリングをするワークフローを採ったので、ウロコ以前の骨格や皮膚のおおまかなたるみがわかるくらいをラフモデル完成の目安としました。ZRemesherでリトポロジーしてUV展開に移ります。

5 歯、目、舌も、リトポロジーしてUV展開するためにMayaへエクスポートします。以上でコンセプトモデルの制作は終了です。

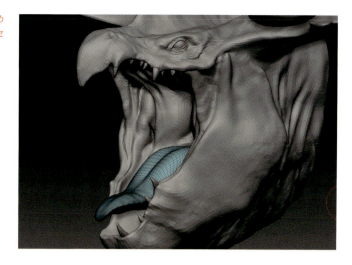

6 Mayaでインポートし、UV展開。ハイディテールモデルをつくる前提だったので、全部で39枚とかなり細かくUVをタイリングしました。UV展開にはMayaのBonus ToolsのAuto Unwrap UV's Toolを使用。選択したエッジに切れ目を入れて自動展開してくれる便利なツールです。MARIでのテクスチャコピーをやりやすくするために左半分のUVは反転させて並べました。

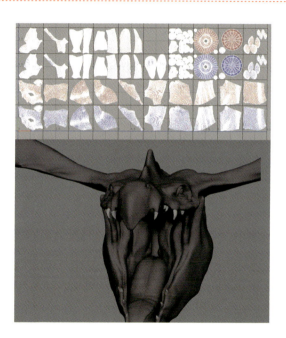

7 カラーテクスチャのイメージを膨らませるために、様々な動物の資料を集め、どの部分にどの動物の質感をアサインするかをPhotoshopでペイントオーバーしながら決めていきました。後工程では、これを基に3Dペイントツールで各マップをペイントしていきます。

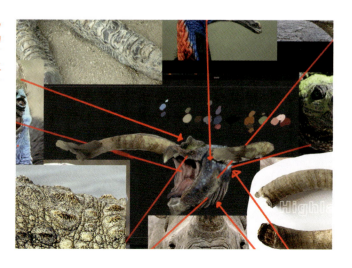

STEP 02 テクスチャペインティング

MARIを使い、3Dペイントによってテクスチャを作成します。各部位ごとにウロコのサイズに気を配りながらペイント。テクスチャが完成したら、ZBrushで読み込み各種マップを生成します。

1 今回はMARIを使用。前工程で決めたコンセプトボードを下に、まずカラーチャンネルを制作しディフューズテクスチャから塗っていきます。準備として、口の中、青い皮膚、乾いた皮膚等、場所ごとにカラーパレットを作成しました。そしてそれをMARI内でシェルフとして保存し今後の効率化を図っています。MARIの利点は、もちろん膨大なチャンネルを扱えたり、テクスチャのコピーやプロシージャル生成が簡単な点もあるのですが、こういったUIカスタマイズが容易に行えるところにもあるでしょう。

2 MARIにデフォルトで用意されているブラシを必要に応じてカスタマイズし、全体のベースの色を塗っていきます。MARIはUVビューでのペイントも可能なのでベーステクスチャを塗る際は適宜使い分けました。

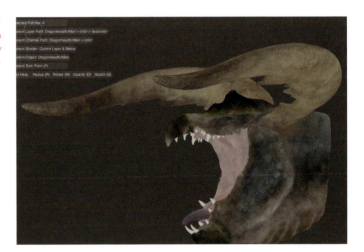

3 テクスチャライブラリサイトで集めた動物の写真素材をImage Managerにインポートし、ソフトライトやオーバーレイ（レイヤーモード）でベースカラーの上から塗っていきます。このとき、写真素材に含まれるライティング情報に気をつけて素材を選ぶのがポイントです。

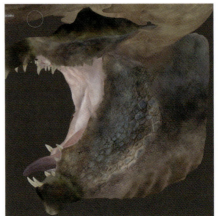 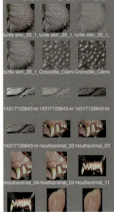

4 大きいウロコ、中くらいのウロコ、小さいウロコをそれぞれどこにペイントするかに気を配りながら配置します。このときウロコの大きさや種類ごとにレイヤーを分けておくと後々の調整が楽になります。

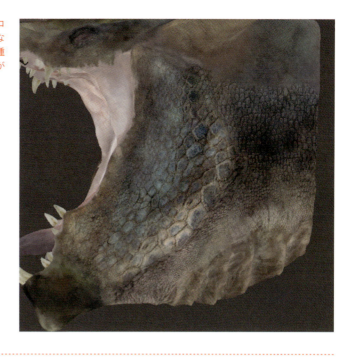

5 角や嘴、鶏冠を塗る際は、皮膚からの移り変わり部分に配慮しながら、死んだ皮膚や剥がれた皮膚っぽくなるようペイントしました。

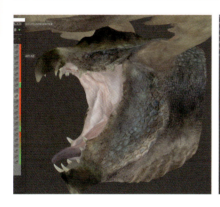

6 全体のウロコや皮膚のシワ、傷などをオーバーレイ等でどんどん重ねていきます。写真からペイントした部分はDisplacementやBumpマップを作る際に再度使用するのでグループ化しておくと便利です。右半分をまずペイントし、[Patches → Copy Textures]からUVパッチを選択してテクスチャコピー機能を使い左半分に転写。シンメトリーを崩す作業は一番最後に行いました。

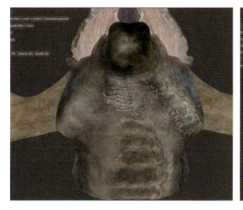
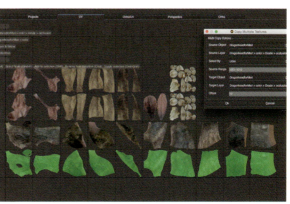

7 新しくDisplacement、Bumpチャンネルを作成。先ほどペイントオーバーしたウロコやシワのレイヤーグループをコピー＆ペーストし、それを基に作業を進めます。

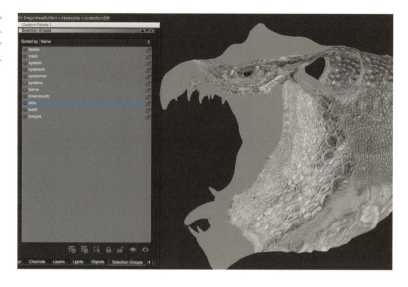

8 ハイパスやアジャストメントレイヤーを使い適切なグレースケールにしたら、テクスチャをエクスポートしZBrushで読み込み、それを基にDisplacementやCavityマップを作成していきます。同時にカラーテクスチャもエクスポートしておくと、スカルプトする際のアタリとして利用できます。［Export Flattened → Export Current Channel Flattened］で現在のチャンネルを統合すれば、テクスチャとして出力可能です。

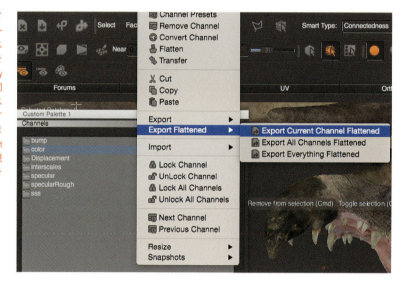

9 モデルをZBrushにインポートし、UVパッチごとにPolygroupを色分けしてからGroupSplitしてSubToolに分けてDivideを上げた後（より高い解像度でスカルプトをするためです）、前工程で作成くたグレースケールテクスチャをZBrushの［Tool→Displacement Map］タブにインポート。適切なIntensityを見つけてApply DispMapをクリックすると、モデルにDisplacementが適用されます。

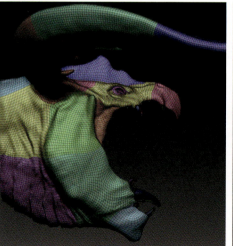 

STEP 03 ディテーリング

最終的なブラッシュアップです。前工程で作成したSubToolにDisplacementマップを適用し、それをベースに細かなスカルプトを施します。形状に合わせて、ウロコやシワをひとつずつ正確に造形していきます。

1 前工程で解説した手順で全てのSubToolに各Displacementマップを適用していきます。ZBrushで読み込んだモデルのUVは反転してしまう仕様のため、それに合わせて読み込んだマップも上下反転させなければなりません。Imoprtからテクスチャを読み込みFlip Vで反転します。

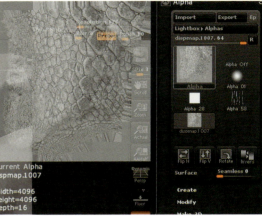

2 そうして読み込んだDisplacementをベースにスカルプトを進めていきます。写真から生成したDisplacementマップをアサインすると、意図しない凹凸がたくさん含まれているため、手彫りでウロコの1枚1枚、シワの1本1本を正確に造形していきます。

001 Blue Head

3 このとき、MARIでペイントしたカラーテクスチャもZBrushに読み込んでモデル上に表示させることで、より正確にカラーテクスチャの陰影とスカルプトの凹凸を一致させることができるので、ワンランク上のクオリティに仕上げられます。Texture Mapタブに上下反転させたテクスチャをアサインすることでモデル上に表示が可能です。

4 Cavity（溝）マップもZBrushで生成するので、Dam StandardやOrbCrackブラシなどでウロコの間の溝も丁寧にスカルプトしていきました。CavityマップはSpecularやSpecular Roughness、Diffuseマップを後から微調節するときにあると便利なマップです。

5 Flat Colorマテリアル、Skinマテリアル、Basicマテリアル等を使い分け、カラーマップと凹凸とのバランスをみながら作業を進めます。

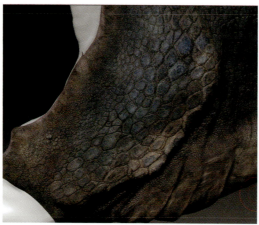

6 最後に、不必要なノイズや意図しない凹凸をSmoothブラシやClayブラシで修正。最終的に一番細かな表面のノイズや凹凸はBumpマップで表現するため、Displacementマップではウロコやシワののおおまかな凹凸情報のみを表現できていれば問題ありません。

7 マテリアルをハイライトの目立つものに変更して様々な角度から正確な凹凸ができているかを確認したら、Multi Map ExporterでDisplacement（OpenEXR 32bit）とCavityマップを出力します。このときSubToolボタンをONにしておくことによって、現在ビューポートに表示されているSubToolの全マップを一括で出力可能です。

8 Cavityマップを再びMARIなどの3Dペイントソフトで読み込み、それをベースに加筆することで、Specularやその他各種マップの生成とDiffuseのブラッシュアップを行いました。画像は、Cavityマップをマスクにして溝部分の砂や汚れ等を加筆した最終的なDiffuseマップです。

002
幻獣
蟹

[主なツール] ZBrush Mudbox Substance Painter MARI

002 より高次元でのリアリティとファンタジーの融合を追求

　この作品は連載「Observant Eye」が2年目の節目をむかえた2016年8月頃に制作したものです。「より実在感のある架空の生物をつくる」というテーマを自らに課して制作にはげみました。当時のマイブームだった「蟹」にしました。まずは甲殻類の資料を見ていき、その中でも陸上で生活するヤシガニやヤドカリに加えて、水棲で頭部下にある節で強烈なパンチを放つシャコなどをリファレンスとしてイメージをふくらませました。起伏が少なく余白の多い背中部分、それに反して触覚や節が密集している顔部分、前横から大きく突き出した節足。その適度な粗密感が生む蟹の造形には、哺乳類にはない魅力がある気がします。通常、蟹と分類されるものは「十脚目」という名前のとおり、5対の脚(うち前腕1対がハサミに、種類によっては後脚1対が甲羅の下の空間に畳まれて見えないことも)と突き出した複眼をもち、口部は3層構造(外側から第三顎足、小顎、大顎)で触角は2対(1つは毛状で長く、もう1つは短く折れ曲がっている)あることが特徴です。そうした蟹特有の造形をほどよく織りぜつつ、まったく新しい甲殻生物を創り出すべく制作していきました。

STEP 01　ZBrushによるスカルプト

まずはZBrushを用いてベーススカルプト。短時間で一気に造形していったのですが、今回の蟹というモチーフであれば最初から甲羅や節足といったパーツごとに分けて作成しても良いのかもしれません。

1 まず蟹の要素である甲羅と頭部、10本の節足を作成します。LightBox内のDynaMesh64からはじめ、MoveブラシやClayTubesブラシを使い短時間で一気に造形しましたが、後で各パーツを分けることを思うと、最初からパーツを分けておいした方が楽だった気がします。

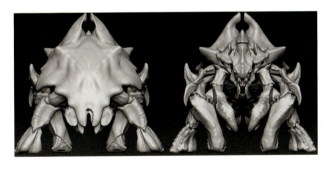

2 DynaMesh機能を使いながら造形します。なるべく低いResolutionを維持したまま、引きで見たときの立体感を重視して形づくっていきます。Move、ClayTubes、Standardブラシの3種類を併用しました。

3 角の形や節足の関節部分の形をあれこれと模索しながら、何パターンか作ってみてしっくりきたものを詰めていきます。

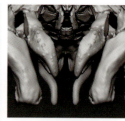

4 全体にもう一段階凹凸を追加します。Hideツール（Ctrl＋Shift＋ドラッグ）とSplitHidden機能を使い、足と胴体を切り離し別のSubToolへ収納。さらに小さい節足を別SubToolでこちらもSphereから作成し、腹部に配置しました。

5 シルエットやおおまかな凹凸が定まったところでZRemesher機能を使いリメッシュ。HideツールとGroup Visible機能を使いPolygroupを分けていきます。そして分けたPolygroupを基にUV展開を行います。［Zplugin→UVMaster］のPolygroupsをONにしてUnwrapをクリック、各パーツのUV展開をしていきます。展開後のUVの配置が不十分だったので、OBJ形式でエクスポートしMayaで再度UVを修正。OBJ形式で再びZBrushにインポートします。

6 リトポロジーとUV展開が済んだらDivideしてポリゴン数を増やしていき、さらに細かい凹凸をStandardブラシやDam Standardブラシ、Inflatブラシなどで入れていきます。今回はこれ以降のディテーリングはMudboxを使いました。そこでサブディビジョンレベルが最大の状態でOBJ形式でエクスポートします。

STEP 02 Mudboxによるディテーリング

今回はZBrushよりもハイポリゴンのメッシュが扱えるMudboxを用いてディテーリングを行いました。画像素材によるディテーリングに加えて、手作業によるスカルプトも適宜施していきます。

1 ZBrushから出力したOBJモデルをMudboxに読み込みます。ポリゴン数が多かったのですが、問題なく読み込めました。

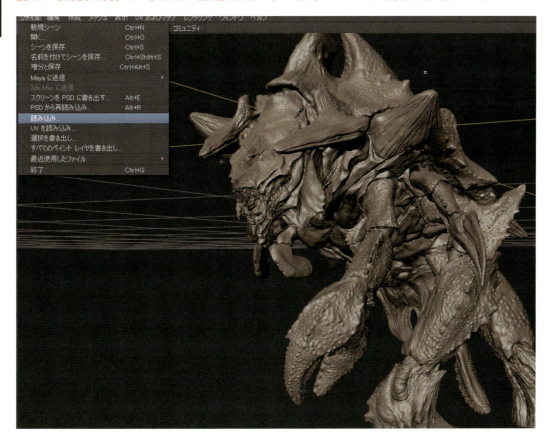

2 読み込んだメッシュを右側のオブジェクトリストから選択して、[メッシュ→サブディビジョンレベルを再構築]を実行。このようにすることでZBrushにおけるSDivレベルをMudbox内で再現できます（この場合SDiv4のハイポリメッシュを読み込んだので、SDiv1〜3がここで再生成されます）。ただし、読み込んだメッシュに異常がある場合（ひとつの頂点をたくさんのエッジが共有していたり、穴があったりなど）は、この再構築を行うことができないので注意が必要です。

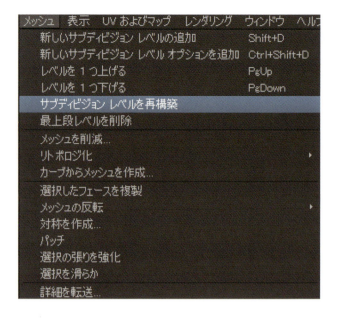

3 胴体部分、節足部分それぞれSDivを再構築できたら、新しいサブディビジョンレベルの追加（Shift＋D）でもう数段階ハイポリにしていき、ディテーリングの準備を行います。メモリ使用効率やネイティブ64bitへの対応のおかげで、現段階（2015年当時）でMudboxではZBrushよりもさらに1段階ほどハイポリを扱える仕様になっています（このモデルではレベル5までディバイドし、5,400万ポリゴンほど）。

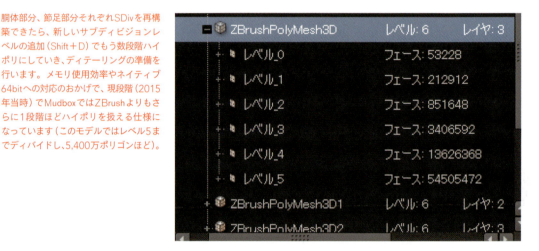

4 スカルプトツールからスカルプトを選び、ステンシルやスタンプなどを適時使用しながらディテーリングを施します。このとき右下のメニューのフォールオフの機能を使用すると、テクスチャが伸びて転写されるといったことを回避できます。

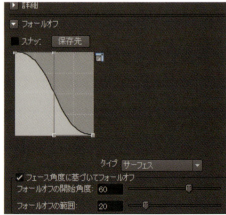

5 蟹の表面は種類によって細かい凹凸があるもの、ツルツルしたものなど様々なので、はじめにどの種類の蟹の表面を参考にするかを決めておきます。それに合った画像をインターネットで見つけてきてPhotoshopで加工し白黒画像にした上で、Mudboxのステンシルタブに読み込む、という手順で使用していきます。このときディテールの種類でスカルプトレイヤーを分けておくと後で細かい修正が可能です。レイヤー機能の扱いやすさもMudboxの利点だと思います。

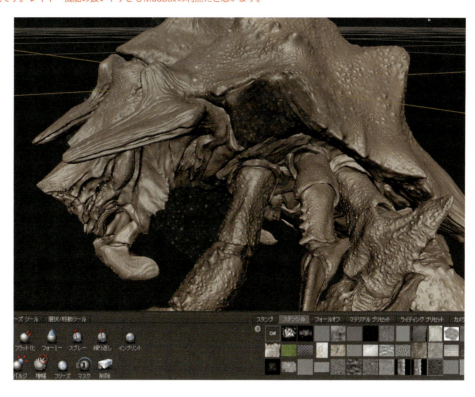

6 ナイフやバルジ、スカルプトブラシを使い分けながら、別レイヤーで手作業でもスカルプトを進めていきました。

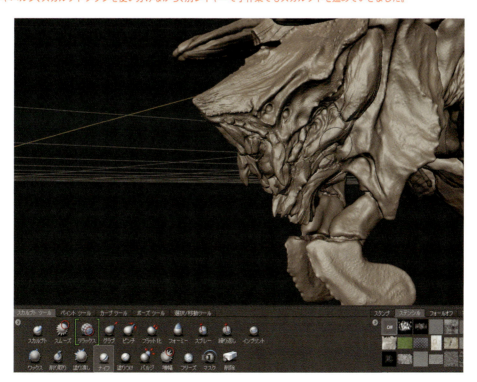

7 スカルプトが終わったら［作成→テクスチャマップの抽出］でアンビエントオクルージョン（左図）とベクターディスプレイスメントマップ（右図）を出力します。アンビエントオクルージョンはCavityマップとして書き出すので、［詳細→フィルタ］の値を限りなく小さくしておきます。ベクトルディスプレイスメントマップはMayaでのレンダリング時に使用するので、レンダラによっては設定が異なってくるかもしれません。今回はArnoldや3Delightを前提としていたので、ベクトル空間を絶対接線にして書き出しました。

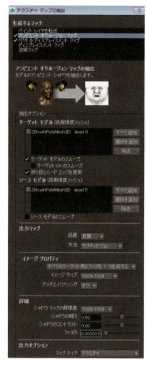

STEP 03　Substance Painter & MARIでテクスチャリング

Mudboxから書き出した各種テクスチャマップをSubstance Painterに読み込み、細かな質感調整を行います。一連の作業を終えたら8KサイズでMARIに書き出し、最終的な3Dペイントを施します。

1 今作はSubstance Painterを使ってテクスチャのベースを制作しました。ZBrushからエクスポートしたSDiv1のローポリをSubstance Painterに読み込んで、マテリアルプリセットからイメージしている質感と近いものを選び、レイヤーへドラッグ＆ドロップ。Substance Painter 2.1からUDIMと8Kエクスポートに対応したので、以前より楽にハイエンド系のテクスチャ描写が可能になりました。このモデルもUDIMなのでインポート時に自動でTexture Set ListがUDIMごとに分かれています（まず一方だけペイントし、後でもう片方にコピー）。

2 このままだとUVの切れ目が出てしまうので、BrushesからArtistic 1ブラシを選びシームを消していきました。その後も他のマテリアルやスマートマテリアルを用いて加筆していきます。このとき、先ほどMudboxから抽出したCavityマップを［TextureSet Setting → Curvature（曲率）］のスロットルにインポートしておきます。そして各レイヤーにマスクを作り、そのマスクに対してGeneratorを作成することでエッジ部分だけ質感を変化させたり剥げさせたりすることができます。

3 Substance Painterの強みであるParticles系のブラシも使いながら部分的にこすれや劣化感を出していきます。このとき、ParticleBrushメニューのPhysicsパラメータで任意の項目を多少調整しないと、なかなか思い通りの挙動になりませんでした。

4 ひと通りベーステクスチャができたら［ビュー上で右クリック→Export Textures］で各テクスチャを8Kサイズでエクスポートします。レンダラごとのプリセットも豊富にあるので便利です。

5 書き出したベーステクスチャをMARIに読み込み、それを基に色や明暗、模様を足していきます。時間短縮のためベース作成にSubstance Painterを使用したのですが、個人的にはマスキングやコピー系の機能はMARIが一番小回りが利いて使いやすいと感じます。Cavityをマスクとして使用するのでこちらも別チャンネルにインポート。

 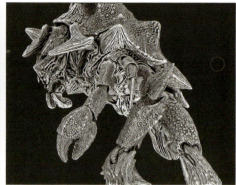

6 レイヤーを追加しながら描き進めます。色を描くときは必ずフラットカラーマテリアルに変更します。明度色相が単調なので赤系と黄緑系の様々な色を配していきます。模様も入れてみました。

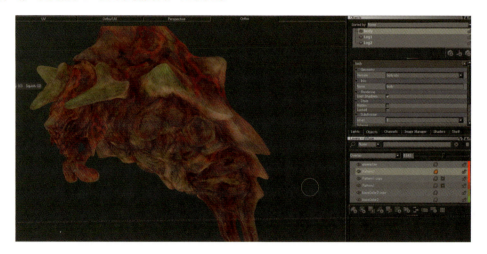

7 さらに加筆。腹部は黄色系に、全体の統一感が損なわれないようところどころ緑系を散りばめていきました。Cavityマスクを使い表面の突起部分や際部分に少しだけ薄明るい色を置くと立体感が出やすいです。写真を使ってのペイントはディテール過多になりやすいので、使いどころを考えて描いていきます。

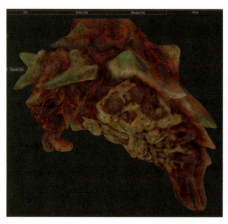 

8 最後にアンビエントオクルージョンや色調補正系のレイヤーで全体のコントラストや色味をまとめます。脚部分も同様にSubstance Painterで制作したベーステクスチャを基に描いていきました。

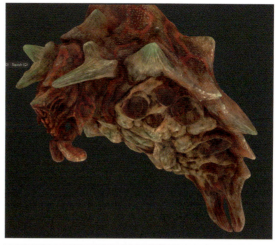

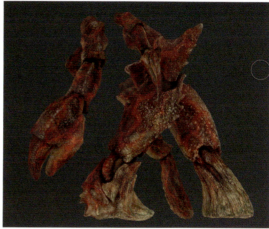

9 RoughnessもSubstance Painterで制作したものを若干コントラストを整えたりしながら仕上げていきます。その他のSpecularやBumpも同様に、CavityやRoughnessを基に制作しました。完成したら[Export→ExportAllChannelFlattened]で一気にテクスチャを書き出して完了です。

[主なツール]　ZBrush　Maya

003 表現力の礎となる、"観察眼"を養う

月刊CGWORLDで連載中の「Observant Eye」では「観察」をコンセプトに、現存する生き物や自然物の形状とその由来について調べてその作例を制作したり、または今回のように実在の生き物から得たインスピレーションで架空の生物をデザインしていき、その工程をなるべく多角的に解説しています。記念すべき第1回は、僕がいつも行なっているクリーチャーデザインのワークフローをベースに、この空想の大型哺乳類の制作工程を解説しました。背中に珊瑚や植物を宿し発達させることで光合成を可能にして、この大きな体をまかなうだけのエネルギーを効率的に生み出す手段を得た生物、という設定のキャラクターデザインをしました。2つ以上の現存の動植物を混ぜつつ、デザインしながらの造形だったので、どういった思考プロセスで最終形に落とし込んでいったのか、という目に見えない部分もできる限り思い出しながら記していきます。ZBrushでのコンセプトや静止画用の造形だけではなく、随時Mayaやその他プラグイン内で行なった作業の解説も入れていく予定です。回を重ねるごとに制作物やクオリティがどう変わっていくか、自分でも楽しみです。

STEP 01 全体のデザイン

まずは、2Dでラフスケッチを描き、デザインの方向性を見定めます。立体化させる上では、"シルエット"を念頭におきつつ、ZBrushで各種ブラシを使い分けながらコンセプトモデルのスカルプトを進めていきます。

1 今回は、動物と植物を混ぜたようなものをつくりたいと思ったので、それっぽい簡単なシルエットをPhotoshopで何パターンか描き、そこから妄想を膨らませていくことからはじめました。

2 何パターンか描いた中から気にいったものを選んで、さらにもう少し細かい情報をシルエットに加えていきます。基本的にシルエットスケッチの段階ではリファレンスは見ないで、自分の想像と、偶然できる形を楽しみながらおもしろい形を見つけていきます。

3 描いたものを立体的にイメージしながらZBrushで3Dに起こします。LightBoxにある「DynaMesh64」というプリセットから始め、MoveブラシやClayブラシを使いながらシルエットスケッチに沿った形をつくりました。この段階でこの架空の生物のベースとなる現存の動物をいくつかピックアップしてリファレンスにします。この幻獣の場合は、骨格部はキリン、背中から生えているものは珊瑚や菌類、体の皮膚は象の形状を参考にしました。この段階でPhotoshopを使い、図のようにどのリファレンスをどこに当てはめるか計画し直しておくと、以降の作業で迷いがなくなります。

 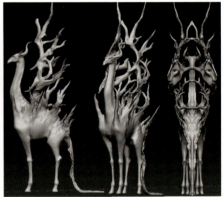

4 Moveブラシで全体のバランスを丁寧に整えます。足の関節の角度や重心に気を配りつつ、安定したバランスになるまで微調節。特に背中の珊瑚は、光合成のための表面積を確保するために入り組んだ造形にしたかったので、様々な角度から見て念入りに形を整えていきました。さらに筋肉の隆起や関節部分の骨の出っ張り等、さらにリアリティを高めるべくアナトミー（解剖学）に忠実につくり込んでいきました。

5 顔周りからつくり込むことで、この幻獣のキャラクター性が早い段階で決まります。首は象のような皮膚から珊瑚のような硬質なものへ変化していくイメージで。象のシワのつき方を参考にしつつ、ClayTubesやDam Standardブラシでざっくりした印象を加えていきます。

6 脚の皮膚感を高めていきます。シワの方向は象の皮膚をリファレンスとして、Standardブラシでアタリをつけました。

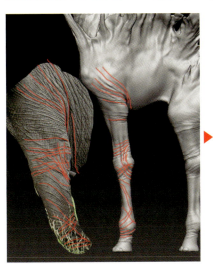
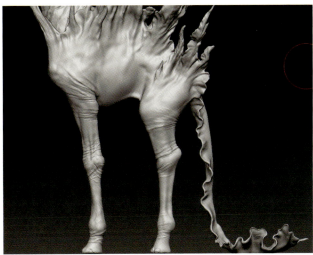

7 珊瑚部分をより表面積が増えるよう変形させていきます。以上でコンセプトモデリングは終了。いったんリメッシュしてしまうとDynaMeshによるシルエット変更ができないので、リトポロジーする前にシルエットの最終チェックを欠かさずに。

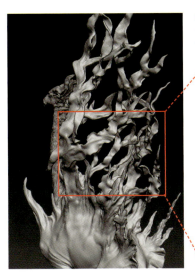

STEP 02　リトポロジー、UV展開＆ディテールアップ

コンセプトモデルに対してリトポロジーを施し、形状を整えていきます。その上でMayaを併用しながらUV展開を行なった後、シワや皮膚のたるみ、硬質な珊瑚といったディテールをさらにつくり込みます。

1 今回はフェイシャルや指の細かいアニメーションは行わない前提だったので、ZRemesherでリトポロジーを済ませました。自主制作は簡単なポージングのみを前提としているので、たいていZRemesherで事足りますが、顔や指周りのアニメーションを付けたいと思ったら、やはりまだ手動でやるのが望ましいです。とは言ったものの、ZBrushのバージョンが上がるごとにZRemesherの精度も高まっているようで、きちんと円柱状の形状のところは同心円状のトポロジーが綺麗に形成されるようになりました。

 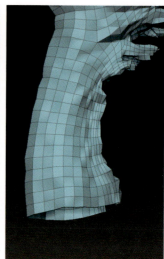

2 満足のいくメッシュ構造にリメッシュできたら、コンセプトモデルと同じくらいのポリゴン数にDivideして、ディテールを [ProjectAll] で拾ってきます。

3 SDivを1に戻して、UVの島を分けたい部位ごとにPolygroupを割り当てていきます。HideとGroupVisibleを併用して、頭、首、胴体等に分けました。

4 MayaなどでUV展開しても良いのですが、今回は工数削減のためZBrushのUV MasterでPolygroupごとにUVを生成しました。先ほど分けたPolygroupごとにUVが切り離されて展開されているのがわかります。ですが、UVのレイアウトは自動ではなかなか思い通りにいかないため、そのモデルを一度Mayaへ読み込み、適切なレイアウトにした上で再びZBrushへと書き出します。

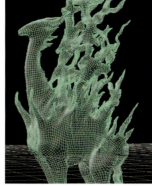

5 適切なUVをもったモデルを再度ZBrushへ読み込んだら、後はどんどんスカルプトしていきます。Divideは一気に上げるのではなく、スカルプトするディテールの大きさに合わせて徐々に上げるようにします。まずは大まかなたるみやよじれをStandardブラシでつくっていきました。

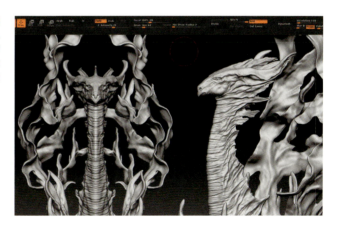

6 Dam StandardやClayで顔周りからつくり込みます。顔はサイ、首は象の鼻と首の皮膚やシワを参考にしつつ、どこがどう曲がってどういう方向にシワがつくかを考えながら皮膚のたるみをつくっていきました。顔周りがざっくり出来上がったら、それと同じくらいの情報量（ディテール）を身体全体にも加えていくのですが、この段階ではあくまでやわらかい・硬い等の印象を重視してアタリ程度に考えた方が作業スピードが落ちずに済みます。

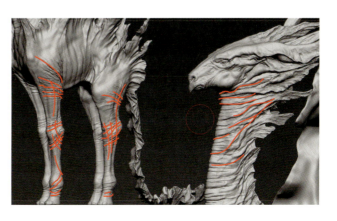

7 次は珊瑚の硬質部分の印象を彫っていきます。硬いイメージなので、StandardやInflatは極力使わず、Clay系のブラシで有機的な形をつくっていきました。こういった入り組んだ立体の上からさらに情報量を加える場合は、その複雑さの中にある規則性やながれを守りながら情報を追加していくよう心がけています。

8 身体全体にだいたいの質感情報をスカルプトしたら、さらにそれを説得力あるものとするためアルファを利用します。ZBrushのLightBox内にデフォルトで入っているSkinアルファやネットで拾ったもの、そして写真から自分で作ったものを何パターンか混ぜて使いました。自分で作ったアルファに関しては後で少し解説します。単に上から無造作にアルファをのせるのではなく、先ほど彫ったシワの方向性や規則性を乱さないように慎重に入れていきます。

9 アルファをただ乗せただけではシワの深度が単調だったり、くり返しパターンが目立ったりなど違和感が残るため、最終的には手作業でより自然に馴染ませていきます。Dam StandardやStandardブラシとGravity機能を併用して使ったり、Inflatでところどころシワの曲面にランダム感を出したりしながら全体の皮膚を直していきます。このときハイライトの出方に気を遣う必要があるので、マテリアルはBlinnに変更した上で作業を行いました。

10 最終的に出来上がったグレースケールのスカルプトモデルがこちら。

STEP 03　テクスチャリング

続いては、テクスチャ作成。今回はZBrushのMask機能を利用するかたちで作業しました。生物特有である表皮の下の血管や脂肪の色が透けて見える表現をつくる上では、Mask機能を活用するのがなにかと効率的です。

1 ベースのテクスチャづくりはZBrush内で行いました。最初からMARIやMudboxでやっても良いとは思いますが、ZBrushの強みである充実したMask機能を使います。まずはベタ塗りで全体のベースの色のイメージを決めます。身体部分は多くの陸上哺乳類に見られるような黄色系の保護色に、背中の珊瑚は鮮やかなピンクにしました。

2 生物の構造的に、表皮の下にある筋肉や血管、脂肪から順に色を塗っていくのが望ましいのですが、この動物の場合は皮膚が分厚く、内部構造がそこまで表皮の色に影響しないであろうと考えてその過程は省きました。そこよりも表皮にどういう色を混ぜていこうかという点に重点を置いて、様々な色を混ぜていきます。

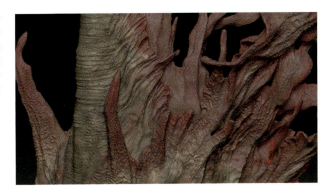

3 保護色部分は特に単調にならないようストロークをColor Sprayに変更して色に深みを出していきます。明度を下げたり、彩度を上げたりするポイント等、色の情報を徐々に整えます。

 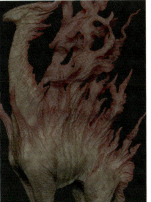

4 おおよその全体の色が整理されてきたら、Cavity Maskで凹凸部分それぞれを色分けしていきます。部位にもよりますが、大体凹部分の方が凸部分に比べて明度が高く、表皮の下の血液や脂肪の色がうっすら見えます。

5 珊瑚部分のエッジを際立たせるため、そこだけ別の色で塗って後でPhotoshopなどで調整できるようにしておきました。ここまでがZBrushでのペイントで、次工程からは各マップを出力していきます。

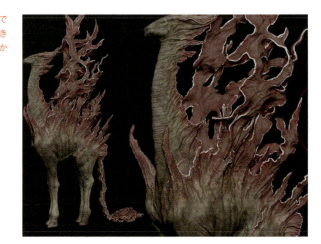

6 UVがタイリングされている場合は、ZBrushのデフォルトのテクスチャ生成機能では正常にマップが出力できないため、必ず「Multi Map Exporter」を使います **A**。出力するマップの種類は、Diffuse (8 bit)、8bit Cavity (8 bit)、Displacement (32 bit) の3種類。そうしてエクスポートしたテクスチャをMARIに読み込み **B**、それをベースレイヤーとしてここからさらに写真素材を使ってディテールを入れていきます。

7 皮膚の凹凸部分の差別化をするため、Cavity Channelをマスクとして読み込んで、溝部分にだけ明度の高い写真素材を選び、プロジェクションペイントしていきます。

8 次に、Cavity Maskを反転させて凸部分のみのペイントを行なっていきます。この場合はサイや象などの硬い皮膚の実写素材をプロジェクションし、レイヤーモードをオーバーレイにしています。

9 ▮1 同じように珊瑚部分も、写真素材をプロジェクションしていきます。ベーステクスチャの色味をそのまま活かせるので、こちらもオーバーレイで乗せています。▮2 溝部分の色味が全体的に明るすぎたので、部分的に少し赤茶色を乗算で乗せてコントラストの強い部分を作っていきました。▮3 全体として見たときに少しぼやけた印象になっていたので、各所にローライトやハイライトを入れて引き締めます。

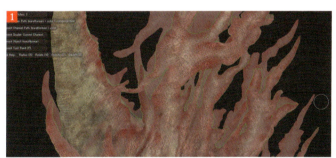

10 実際の珊瑚の資料を見ていくと、際の部分にいくにつれて色が濃くなっていくものがいくつかあったので再現。全体の単調感をなくすのにもひと役買ってくれました。これでMARIを使ったペイントは終了。ColorチャンネルをDiffuseテクスチャとして書き出します。ここからはレンダリングチェックを行いつつ、Photoshopで微調整していきます。

STEP 04 アルファの作成＆追加のモデリング

珊瑚の透過表現にはアルファを利用。そして、きのこやツタ、葉といった細かな形状のモデリングを続けて行なっていきます。ツタ＆葉の生成には「Ivy Generator」というフリーソフトを用いました。

1 スカルプト作業時に用いた珊瑚の表面のアルファは、写真素材から生成したものとZBrushでつくった立体から作成したものの数パターンを用意しました。珊瑚は骨格となる石灰質と、外部から栄養を摂取する役割のポリプで構成される動物で、表面は大部分がポリプで覆われていなければなりません。石灰質部分のディテールは写真から生成したもので事足りるのですが A、ポリプ部分は写真からだと綺麗なグレースケールにするのが難しかったため、イチからZBrushでつくることにしました B。

 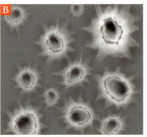

2 ZBrushのプレーンプリミティブからスカルプトを始め、珊瑚の表面のポリプをざっくりと作ったものです。正直アップになる部分でもないので、遠目から見てそれっぽい印象が出ればくらいの気持ちで作成しました。

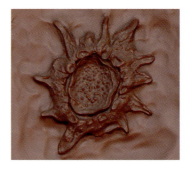

3 2で作成したモデルをGrabDocでアルファに変換。この機能を利用すれば、立体からグレースケールイメージを生成することができます。

4 さらにこれをプレーンにDragRectでランダムに配置し、もう一度GrabDoc。これをくり返して十分な密度のアルファを作成していきます。

 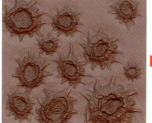 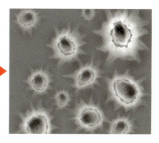

5 Surface NoiseでアルファをONにし、先ほど作ったアルファを読み込みます。Maskを併用することで、ねらった部分にだけディテールを追加する方法も試してみたのですが、最終的にはアルファの均一間を崩すために、ところどころ手作業でも配置していきました。

6 きのこの造形について、今回は5種類のきのこをつくり、背中部分に配置していく手法を採りました。Particle Instanceで配置するという方法も考えられたのですが、そこまで数が多くなかったため、手作業でねらったところへ的確に配置していくことにしました。

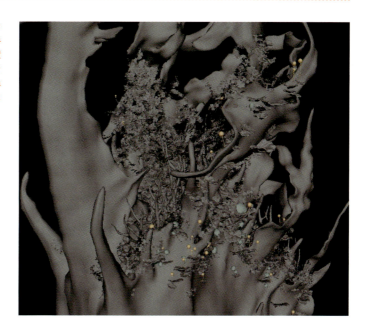

7 ツタや葉の部分は「Ivy Generator」というフリーソフトを使ってデザイン。OBJを読み込んで、任意の部分をダブルクリックすると緑のポイントが出現、その上でgrowボタンを押すだけで自動的にツタが生成されます。やり直したければもう一度任意の場所をダブルクリックし、パラメータを調節してから再度growを実行するだけで済みます。イメージどおりの形ができればbirthを押してオブジェクトを生成し、エクスポート。Mayaで読み込むと自動でマテリアルが付けられているため、ツタと葉の部分をそれぞれレンダラ専用の各シェーダへコンバートしていく作業も手早く行えました。

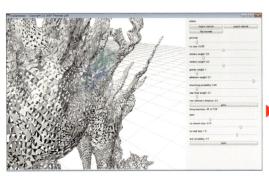

STEP 05 フィニッシュワーク

ライティング、レンダリング、そしてコンポジットワーク＆2Dレタッチを適宜行いながら最終的なルックをつくり込んでいきます。ここでは、3Delightのレンダリング設定を中心に、作業のながれを紹介します。

1 日頃から3Delightを愛用しているので（2015年当時）、今回も採用しました。シェーダの各パラメータ解説は省きますが、おおよそマップで制御しています。Mayaでボーンを入れてポージングをし、HDRIとディレクショナル3本でライティングしました。

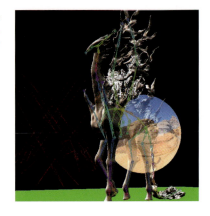

2 まずはディスプレイメントとリフレクションのレンダリングチェック。ZBrushでスカルプトした形状が正確に反映されているかどうかを確認します。

3 珊瑚部分だけが透過するよう、グレースケールのテクスチャを描きました。

4 A 珊瑚部分のSSSのレンダリングチェック。ショッキングピンクの際（きわ）のみを透過させました。この工程はいつも一発ではなかなか望みどおりの結果が得られないので、時間をかけて様々なパターンのマップで試行錯誤することが欠かせません。 B きのこのSSSチェック。小さいパーツなので、露骨にSSSの質感が出ることをねらいました。

5 全ての設定を終えた最終レンダリングイメージです。この後、NUKEやPhotoshopで背景のマットペイントを作成し、コンポジット。さらに最終的なグレーディング処理を施したら完成です。

004

幻獣

Worm 前編

[主なツール] ZBrush

004 前編 ひとつのモチーフを造形と質感の2編に分けて詳解

連載「Observant Eye」では、基本的にラフスカルプトから質感までの手順を3ステップで解説しているのですが、読者の方々から「もう少し詳しく解説してほしい」といったリクエストをいただくことがあります。そこで今回は、前後編の2回に分けて、前編は「造形」について、そして後編は「質感」をテーマにしぼって詳しく解説していこうと思います。モチーフは、ワーム系クリーチャーです。

今まで硬い質感のものや毛で覆われた質感の生物が多いなと自分でも感じていたところに、友人から「ウロコ系が多いな」と痛いところを突かれたことからのやわらかい系です。本作のようなやわらかいモチーフはよりベースの形状の細かな凹凸が最終的な質感にも影響するので、そのあたりに気を配って制作しました。設定としては、砂漠など乾燥地帯に住み、地中にもぐることもあるため、頭には土を掘り進むための大きな角のような突起物とムカデのような節足の先端に鋭い爪があります。背面から出ている棒状のものから独特のにおいを出して獲物をおびき寄せ、近くに来たところを大きな口で丸呑みするという生態を有している、という設定です。

STEP 01 頭部のラフ造形

まずは頭部のベースをスカルプトしていきます。MoveブラシとClayTubeブラシでおおまかな形状をつくった上で、質感を意識しながら凹凸を追加。背中の突起物を加え、全体的にシルエットを整えます。

1 ❶ノートにラフスケッチを描いた後、[LightBox→DynaMesh64]からスタート。MoveブラシとClayTubesブラシでおおまかに形づくっていきます。制作当初は頭部だけを作成しようとしていたので、図のような状態です。❷Standardブラシ、Dam StandardブラシのZ Intensityを少し弱めて、質感を意識しながら凹凸を足していきます。全体にシワを付けるのではなく、肉がたるむであろうところと、ディテールが弱いところのメリハリに気をつけます。

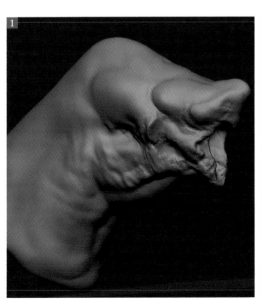
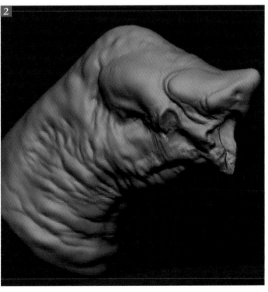

2 背中の突起物をMaskとMoveブラシを使って作成します。その後DynaMeshを使ってメッシュを整えていきました。

3 ❶シルエットを整えます。口先の微妙な位置関係が全体の印象を決定づけたりもするので、ここは慎重にMoveブラシで格好良いシルエットを模索していきます。❷頭を少しだけ小さくして、目の位置を修正しつつ、その数も減らしました。❸頭の先に角を、別SubToolで追加。[SubTools→Append]からスフィアを選択してMoveブラシで引き伸ばしました。シルエットを確認する際は、Flatmaterialに変更すると良いです。

STEP 02 頭部のディテーリング

さらに頭部をつくり込みます。一定方向からの見た目だけでなく、どのようなアングルから見ても様になるように、そして各部位の質感も意識しながらシワや細部の形状を加えていきました。

1 ■様々な角度から見たときに破綻がなく、なおかつ格好良いかどうかをチェックしながら、各部のバランスをとります。頭に対しての角の大きさ、口の開く角度ひとつで全体の印象が大きく変わってくるからです。 ■背中の突起物をHideツールで隠した後、[SubTools→Split→SplitHidden]で隠れた部分だけ別のSubToolに分けます。それぞれのSubToolをDynaMeshに変えて穴をふさぎ、形を整えます。

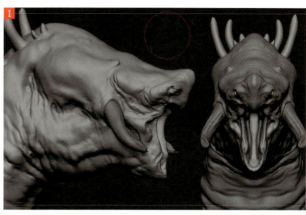

2 ■Dam StandardブラシやStandardブラシを使ってディテールアップ。このときも全体に無造作にシワを入れるのではなく緩急をつけて入れてやると、よりフィジカルな感じが出ます。 ■ひき続きStandardブラシ、ClayTubesブラシでもう一段階細かい凹凸を付けていきます。背中の部分はわりと硬めな印象をもたせたかったのでClayTubesで、それ以外はブヨブヨとした印象を与えたかったのでStandardブラシを使いました。

3 ❶形状のバリエーションがほしかったので、細部に手を加えながらデザインを考えていきます。❷シルエットに影響する背中や首下の情報量を増やしてスケール感を出します。

STEP 03　合体&胴体のつくり込み

続いては胴体のスカルプト。前工程までに作成した頭部を組み合わせ、全体としてのバランスを見失わないよう気をつけながら背面は硬質、側面はやわらかいといった質感を形状に込めていきます。

1 ❶［SubTools→Append］からスフィアを選び、SnakeHookブラシで大胆に引き伸ばします。ワーム系なのでけっこう長くしました。❷おおまかな形状を首の形と合わせてつくっていきます。ワーム系だからといって、ただの筒にならないよう、断面図を意識しながら形づくっていきました。主にClayTubesブラシ、Standardブラシを用いてます。❸節足を生やします。お馴染みのMaskをかけてからMoveブラシというながれで進めました。脚も単純に下側へ生やすのではなく全体の形を尊重しながら格好良さを意識します。

2 これでだいたいのエレメントが出来上がったので、背中部分、側面部分の質感のちがいを出していきます。背面はClayTubesを、側面にはStandardブラシを使いました。

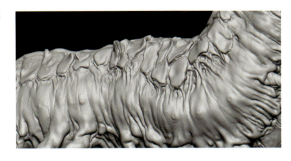

3 シワのたるみ具合にメリハリをつけていきます。このときも全体のベースの形を見失わずに。

4 背中にも突起物を加えます。先ほど首に作成したSubToolをDuplicateで複製し、それぞれMoveツールやRotateツールを使って配置していきました。

5 首と胴体のSubTool以外をいったん非表示にしてから、[Merge → MergeVisible]で1つのSubToolにした後、DynaMeshで合体させて続きを彫っていきました。歯も同様に別のSubToolとして1つずつ配置しています。後編では、ディテールのつくり込みと質感付けについて解説します。

004
幻獣
Worm 後編

[主なツール] ZBrush | MARI | Mudbox

004 後編 形状や設定に最適な色合い、質感を追い求める

前編に引き続きワームについて。後編では主に質感づけについて解説します。ZBrushで作成したコンセプトモデルをリトポロジーしUV展開を行なった後、さらにスカルプトを進めていき、最後にディフューズ、スペキュラ、ラフネス等のテクスチャを描いていきます。特定のモデルとなった実在する生物はいないので、イモムシや昆虫などの参考画像を見ながら色や模様のパターンを整理しつつ、ディフューズテクスチャを描きました。また、人間よりも3倍ほど大きなサイズを想定していたので、現実のイモムシのような彩度が高くコントラストも高い色で全身を埋め尽くしてしまうとサイズ感や凶悪性が損なわれますし、かといって全身地味な保護色などにしてしまうと昆虫独特の気持ち悪さのエッセンスが薄れてしまうのではないかと、色と模様には最後まで悩みました。ですが、造形の段階でやや現実離れしたデザインだったので、どうせなら"置きにいかないデザイン"を目指そうと、このような仕上がりに。形状にどんな色や質感を割り当てるかというのは、絶対的なルールは存在しない永遠のテーマだと思うのですが、それゆえに最も飽きない工程かもしれません。

STEP 04 リトポロジー＆UV展開

まずは前編（造形編）にて解説したコンセプトモデルに対してZRemesherによるリトポを行います。UV展開の際は、できるだけ歪みが生じないように、特徴的な部位ごとにPolygroupを分けておきます。

1 ① 前編で作成したコンセプトモデルに対し、ZRemesherを用いてリトポロジーを行います。Target Polygon Countスライダを10あたりまで上げたほかはデフォルトの設定のままです。② UV Masterを使ってUV展開を行うにあたり、UVの島を分けたい箇所ごとにPolygroupを分けておきます。HideモードでストロークタイプをLassoに変更し、グループを分けたいところを自由選択してほかを非表示に。［Polygroups→Group Visible］を実行し、現在表示されているところだけを別のグループに割り当てます。③ この操作をくり返していき、体全体をUV展開した際に歪みがなるべく生じないようにグループ分けを行いました。

2 [UV Master→Polygroups] をONにし、グループごとに展開されるように設定。その上で、Unwrapをクリックして自動展開させます。Flattenで展開されたUVを確認して問題がなければOKです。

3 UVをさらに手動で整えるためにMayaへエクスポートします。その際[Tools→Export]メニュー中のGrpオプションをOFFにしておきます。さらにMayaに読み込んだときのモデルサイズを考慮して、Scaleを10倍（9.999倍）に設定します。

4 ■Mayaへオブジェクトをインポートします。このモデルはシンメトリー形状なので、まずは左半分を削除して右半分のUVを綺麗に整えます。今回はUDIMを用いてテクスチャを描きたいので、頭部、胴体、尻尾のUVを上図のように並べました。■その後に、左右反転させてオブジェクトをマージ。境界エッジをマージして左半身のUVをV1方向にずらしました。これにてテクスチャを描く準備が整いました。次工程ではこれをMARIに読み込んで、ディテールを加えていきます。

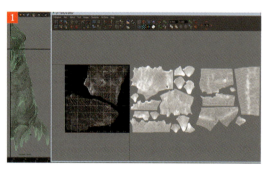 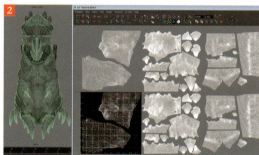

STEP 05　MARIとMudboxによるテクスチャリング

バンプマップについて。画像としての凹凸をMARIで作成した後に、そのデータをMudboxに読み込み形状としての凹凸へ変換します。さらにMARIのCavityチャンネルを用いてディフューズ等も作成していきます。

1 MARIにモデルを読み込みます。新規に「Bump」と名付けたチャンネルを作成し、細かい皮膚表面の凹凸を写真を利用しながら描いていきます。これは後々スカルプトツール（今回はMudboxを使用）で実際の凹凸に変換するためのテクスチャになるので、カラースペースはリニアでScalar Dataのチェックを入れておきます。さらにリニアで作成したチャンネルのため、画面下部にあるView TransformはsRGBからNoneに変更しておくことです。逆にsRGB（8bit）で作成すべきテクスチャ（ディフューズやスペキュラ・カラーなど）を描く際には、View Transformの設定をsRGBに戻します。

2 Image Managerに白黒の写真素材を読み込んで、画面上にドラッグ＆ドロップ。どんどんプロジェクションペイントを行なっていきます。

3 High Passなどのフィルタ効果も利用しながら、なるべく均一で綺麗なグレースケールのマップを作成することを心がけます。ですが、別の画像素材を使用しているため、ある程度は画像の継ぎ目等が目立ってしまうのは仕方ありません。そのような箇所については後工程にて、Mudboxなどで上からスカルプトをして直していきます。マップを作成し終えたら［Export Flattened→Export Current Channel Flattened］でBumpチャンネルをリニア形式で書き出します。

4 ❶Mudboxにモデルを読み込み、サブディビジョンレベルを上げた上で［マップを使用してスカルプト→新しい操作］を実行。先ほどMARIから書き出したBumpテクスチャを指定し、実際の凹凸に変換します。❷実際の凹凸感をレイヤーの強度やマスクを使って調節した後、その上にいくつかのレイヤーを重ねてスカルプトを進めました。❸ひととおりのスカルプトを終えたら、［UVおよびマップ→テクスチャマップの抽出→新しい操作］でベクトルディスプレイスメントマップとアンビエントオクルージョンマップを選び、詳細設定を行います。アンビエントオクルージョンはCavity（溝マップ）として書き出すので［詳細→フィルタの値を可能な限り最小値］に設定。設定を終えたら抽出をクリックし、マップを書き出します。

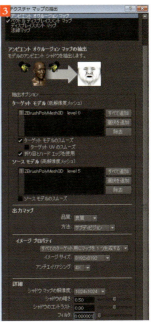

5 ❶再びMARIにもどり、Cavityチャンネルを新規作成します。［Layerを右クリック→Import→Import into layer］でMudboxからエクスポートしたCavityマップを読み込みます。❷このCavityチャンネルを基にマスクを施します。［Projection→ChannelMask］でCavityチャンネルを指定してすれば、溝にだけマスクがかけられるようになります。こうしたマスクを用いてディフューズやスペキュラを描いていきました。

STEP 06 最終的な質感の調整

MARIで質感の細かな調整を行います。前項で作成したCavityマスクを用いて、ボディの溝となる部分とそれ以外の部分のメリハリを付けつつ、模様の描き足し、さらに全体的なルックを整えていきます。

1 Diffuseチャンネルを8bitのsRGBで作成し、[Procedural→Basic→Color]を選択してベースの単色レイヤーを作成します。以前に"蟹"を制作したとき(P76参照)は、Substance Painterで作成したベースのテクスチャを、このProcedualの代わりに用いたのですが、同様に外部ツールでベースのテクスチャを作成してからMARIに読み込んでも良いと思います。

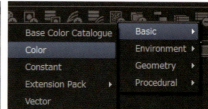

2 １その上にいくつかレイヤーを作成し、体の色分けを行なっていきます。背面は黒っぽい青、腹部に近づくにつれて明度が上がっていくようにしました。色相環で隣り合う色を数種類ベースカラーとして用いるようにするとまとまりが出ます。２HSV調整レイヤーを作成し、明度と彩度を少し下げました。

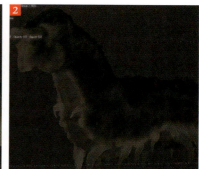

3 先ほどのCavityマスクを用いて溝部分とそれ以外の部分の差を高めつつ、紫や黄色など様々な色をところどころ加えて深みを出していきます。

4
1模様を描きます。全体的にぼんやりした印象になってしまったため、白と黒のコントラストの強い部分を意図的に加えることで印象を引き締めました。それと並行して、ところどころにオレンジ色も加えて色のバランスを整えていきます。**2**ショートカットキー[K]をクリックし、MARIのオーガニックブラシプリセットの中から何種類かのブラシを使いつつ全体的に細かいムラ感を描いていきました。**3**最後にトーンカーブやコントラストで調整し、ディフューズを完成させます。

5
1スペキュラ・カラーチャンネルやラフネスチャンネルはCavityマップ等を有効に使うと効率的に仕上げられます。ラフネスはデータ系のテクスチャのため、リニアのScalar Data形式で作成します。**2**全てのテクスチャが描き終わったら、いずれかのチャンネルを右クリックし、[Export Flattened→Export All Channels Flattened]で全チャンネルを書き出します。

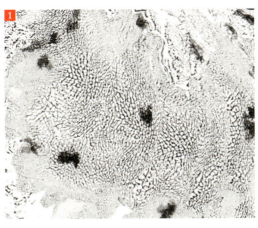

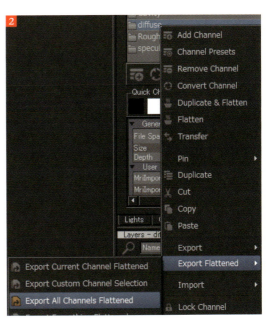

005
幻獣
Mystical Beasts

[主なツール] Photoshop

005 フォトバッシュを用いて実在感ある幻獣を描く

今回は、2体の幻獣を例にとって珍しくZBrushを使わずにフォトバッシュ（photobash、複数の写真を切り貼り、加工することによって、素早く1枚のイラストを描き上げる手法）にてキャラクターのコンセプトアート作品を仕上げる手順を解説していきたいと思います。フォトバッシュの利点は、素早く1枚絵を仕上げられることでしょう。それに加えて、適当に当てはめた素材が予期せぬ発見や調和を生んだりする面白さも大きな魅力ではないでしょうか。具体的な手順としては、両作品を通して写真を切り貼りしていくという点ではおおむね共通しているのですが、最初のアプローチが少し異なるのでそのあたりにもフォーカスして解説してみようと思います。最初に紹介する緑の方の作品は、深い森に棲む長老的な妖精、というイメージで描きました。もう一方の白っぽいクリーチャーは、「白澤（はくたく）」という中国の目がたくさんある妖怪（神獣）からインスパイアされたもので、滅多に人前に姿を現さないような高貴さと妖怪の現実離れした印象をもたせてみたつもりです。

STEP 01 デザインコンセプト

まずは緑系の幻獣から。生息する場所や雰囲気を思い浮かべながら、方向性に合う葉っぱの写真を探して加工します。ベースとなるシルエットが定まってきたら、葉っぱ以外の写真も重ね合わせて描き込んでいきます。

1 ❶「どういった印象をもつクリーチャーにするのか」から出発しました。この妖精の場合は、森の深い場所に棲み生態系からは離れた関係にある小さな長老的ポジションのキャラクターをねらいました。体は小さくても決して生き物を殺さないような優しい印象で、されど優しいだけではない少し幻想的な雰囲気にしたいなという思いから出発しました。すると、葉っぱでできた生き物が頭にパッと浮かんだので、葉っぱの画像をいろいろ探します。その中から、なんとなく顔になりそうな画像が見つかったのでそれを加工して不必要なところを消します。❷葉っぱ以外の画像を切り貼りしてヒゲっぽいものを作り、さらにその上から足のようなものを描いてみました。これでなんとなく優しそうなキャラクターという雰囲気は出せそうだなと思ったので、ここからはさらに要素を足していきます。

1 足がただ2本あるだけだと普通なので、触手で移動するカタツムリや軟体動物のような構造を意識して描いてみました。意外にかわいくハマりました。**2** ベタ塗した触手にクリッピングマスクをして上から通常やソフトライトモードなどで色を乗せていきました。**3** 鬼灯の画像を見つけたときに、移動しながらゆらゆら揺れる目というのも面白いなと思ったのでこれで進めることにしました。どうせならクリスマスツリーの飾りのようにたくさん目がぶら下がっていても面白いかなと思い数個付けました。**4** 全体の色味の雰囲気などをつかむため、背景をデフォルトのソフトブラシを使って森の色味に置き換えます。ここからさらに描き込んでいきます。

STEP 02　「ひとつの絵画作品として完成させる」

ひとつの作品に仕上げるべく、目や触手といったディテールを描き込んでいきます。全体的に構成要素を描き終えたら、画面全体のルックをPhotoshopの色彩調整機能やフィルタで整えます。

1 枝を描きました。小さい世界を画面で切り取っていることを忘れずに、ディテール感には注意します。枝の写真を一部に貼り付けて、色相彩度で色味を調節しました。

2 生命が生い茂っている雰囲気を出したかったので、苔の画像も切り貼りしました。異なる画像の色味は色相彩度で目合わせで調節します。

3 これだけだとキャラが背景に埋もれてしまうと思ったので、目と触手の先端あたりを明るくしました。新規レイヤーで色を置き、ソフトライトやスクリーンで重ねています。

4 どうせならもっと自己発光させて幻想的な印象にしようと思い立ち、目と触手を光らせました。覆い焼きカラーで色を乗せていきます。

5 トーンカーブを使用し画面全体のコントラストを付けます。トーンカーブはRGBそれぞれを微妙にいじっています。

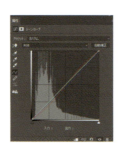

6 最終調整です。ポストエフェクトとしてブラーとレンズのごみや森を漂うチリを描いた上で、仕上げにカラーバランスでグレーディングをして終了です。ブラーは［ぼかしフィルター→光彩絞りぼかし］を使用。こういった小さいモチーフの場合はぼかしや色収差を効果的に用いると実写感が強まりますよね。

7 カラーバランスですが、今回はよりコントラストを強めて写実感と立体感を出したかったので暗部と中間調は光度が低いマゼンタ寄りに、ハイライトは光度の高い黄色寄りに設定しました。

STEP 03 「白澤」モチーフのフォトバッシング

続いて、中国の神獣「白澤」的なクリーチャーをフォトバッシュをベースに描きます。前項までに紹介した森の妖精的な作品のアプローチではなく、まずはラフスケッチでイメージを固めた上で描いてみました。

1

次に白澤に着想を得たクリーチャーです。こちらはラフスケッチから始めました。白澤という具体的な頭の中にイメージがあるので、それをまず雑にでも描いてみてそこからどんどんイマジネーションを膨らませていきます。それからグレースケールで立体構造を意識しながらフォルムを考えます。これは後で写真素材をクリッピングする土台と考えてもらえれば良いです。

2 ひたすら写真を切り貼りして、色味や要素をとりあえず入れ込みます。要素が多いからといって丁寧にやっているといつまで経っても終わらないので、雑にでもかまわないので雰囲気が近くなるまでひたすら切り貼りするのがコツです。この場合、貝殻の模様などあわせて30レイヤーくらい使っています。

3 背景を付けてみました。背景も同じ手法で複数の写真から作りました。背景はあまり解像度にこだわらず、描きたい絵の雰囲気や空気遠近法などの彩度と明度の移り変わりを意識しながら描いていきます。

4 背景にフォグを加え、空気感を足しつつ、背景の色温度や環境光に合わせてクリーチャーの色味をトーンカーブとカラーバランス、色相彩度で調節していきます。

5 なじみが足りないときの手っ取り早い方法は、上からソフトライトやスクリーンで色を乗せることです。この場合は手前の砂煙や被写体にかぶる煙を足してなじませていきました。

6 この作品のメインである幻獣の目や、光るオパールの角まわりのディテールや彩度に注意しながら色の微調節をしました。

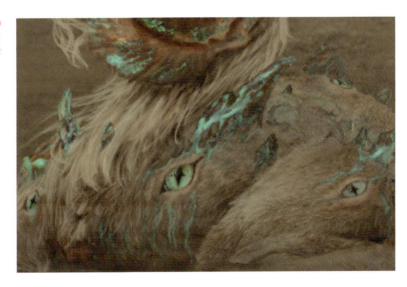

7 最後にトリミングをした後、カラーバランスとアンシャープをかけて完成です。

蒼犀竜

[主なツール]　ZBrush　MARI

006 定期的に込み上がる"青い生き物"という創作欲

そういえば子どもの生き物をつくったことなかったなあと思い立ち、青い子ドラゴンを制作しました。ざっくりした要素としては、サイ＋ワニ＋トカゲという感じで、爬虫類に哺乳類の子どものかわいさを混ぜたかったのと、なんとなく青い子にしたかったという構想があったので、そこからデザイン画を起こしていきました。手足はむっちりした感じに、顔のパーツのバランスなどがあどけない子どもらしくなるよう心がけました。翼はまだ未発達なのでパタパタと羽ばたかせるだけで飛ぶことはできません。歯も未発達なので、やわらかい小さな虫やミミズを食べます。

ところで、以前にも『Blue Head』と題した青いドラゴンの頭部をつくりましたが（P80）、どうやら僕は定期的に青い生き物をつくりたくなってしまうみたいですね。なので、せめて似ないように意識していたのですが顔の嘴などの要素が見事にかぶってしまいました、気をつけます……。と言いながら、いつかこいつの成長した姿をつくろうかなともふんわり思っています。

STEP 01 コンセプトデザイン

アイデアをふくらませるべく、手描きで頭に浮かんだイメージをスケッチします。そこから気に入ったものを選び、ベースとなる形状をスカルプト。徐々に解像度を上げ手足などのパーツも形づくっていきます。

1 まずはアイデア出しから。メモ帳にいくつか全体像のラフを描き、その中から気に入った形のものを選び、もう少し詳細に描いていきます。

2 そのラフ案を基にZBrushで素体を作成します。DynaMeshからはじめ、解像度を低く保ったまま全体の形を見つけていきます。この段階ではラフ案に凝り固まらず、何か違うなと思ったら気軽に修正していくことが大切です。

3 彫り進めて形が見えてきたら徐々に解像度を上げ手足も作っていきます。この段階では右図のように翼は飛べるくらいの大きさを目指してつくっていました。

4 サイの要素を顔に反映していきます。頭骨と頬骨が上の方へと広く反り上がっています。角と嘴もそれとなく作っていきました。サイの角は毛の成分が固まってできたものだそうですが、こいつの場合は鱗が変化したものと想定してつくっていきました。

5 ワニのように全体が鱗で覆われたデザインにしたかったので、DynaMeshの解像度を上げ、まず大きな鱗だけ手彫りでアタリを描いていき、鱗の分布感を見つけていきます。一様な鱗で覆ってしまっては単調な印象になってしまうので、鱗が大きい部分、小さい部分、平らな部分、ドーム型の部分とそれぞれ決めていきます。

6 特に顔の鱗の配置は慎重に決めるべきポイントかもしれません。鱗の種類、大きさ、向きに気を配りながら、大きめのものだけ目印をつけていきながらデザインを練ります。ベースの形も修正を加えつつ、しっかりした骨格がわかるよう造形していきました。

7 形が定まったらスクリーンショットを撮り、Photoshopでペイントオーバーして色や鱗を描きました。やはりこうしてざっくりと目に見える形にしておくと、後工程の指標になるので捗ります。

STEP 02 リトポ、UV、鱗のペイント

コンセプトモデルを複製し、リトポロジーを行います。一方、リトポ前のコンセプトモデルに対してはMARIによる3Dペイントを施しました。その上で事前に用意しておいた鱗の画像素材を、各部位に応じて転写します。

1 コンセプトモデルを複製し片方をZRemesherでリトポロジー。好ましくないながれになった部分はZRemesher Guidesブラシでガイドを描いた上で、必要ならCurve Strengthスライダを設定し、再びZRemesherを実行します。

2 UV MasterでUV展開する際は、UVの島を部位ごとに分けるため、表示非表示ツールとGroup Visibleを併用しPolygroupを分けていきます。そして後ほどDCCツールでシームを直したりUnfoldをかけ直したりと、細かい修正をしていくのが一番手っ取り早い方法だと思います。

3 リトポ（リトポロジー）する前のコンセプトモデルのSubToolだけを表示モードにし、他を非表示にしたらProjectAllでリトポした方のSubToolに転写。本来ならここからさらにDivideを上げディテールをスカルプトしていくのですが、今回はまずMARIを使い、体の鱗をステンシルでペイントしていきました。Mudboxでも同様の作業が可能なので扱い慣れている方を使用すると良いでしょう。ZBrushからSubDiv Lv2のモデルをOBJでエクスポートしました。

4 何枚か事前に用意しておいた鱗の画像をモデルに転写していきます。これは後々ZBrushでDisplacementテクスチャとして読み込んでモデルの凹凸に変換するためのものなので、グレースケール、16bitでChannelを作成しました。

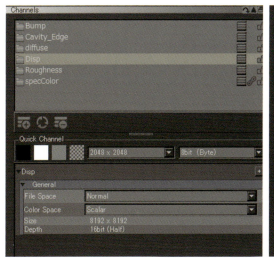
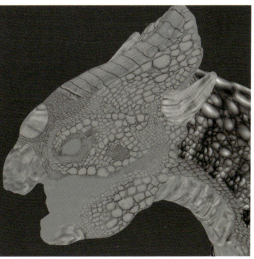

5
主にワニの鱗を使いつつ、ところどころトカゲや鳥の鱗、亀の甲羅の画像を併用し大きさが単調にならないように配慮しながらデザインを詰めていきます。

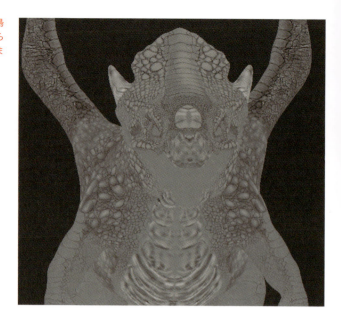

6
体全体に塗れたら全体の画像のグレースケールトーンを統一します。レイヤーをあらかじめ元画像ごとに分けておくと後々の修正が楽です。

7
出来上がったものを16bitのTIFF形式で書き出します。事前に読み込み可能なファイル形式を確認しておくことを忘れずに。

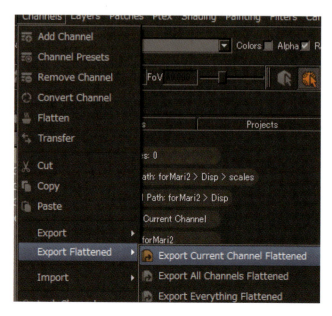

STEP 03　追加スカルプト＆テクスチャリング

ディテールの追加スカルプトまで済ませたら、再びMARIに戻り、各種マップ素材を作成していきます。Maya上でシーンをセットアップし、テクスチャやマテリアルの調整をくり返して落としどころを探ります。

1 ZBrushのAlphaパレットに先ほど作成した鱗のグレースケール画像を読み込みFlipVで上下反転させます。（ZBrushと他ソフトではUVの上下が反転してしまうため。）そして［Make Tx］をクリックし、テクスチャパレットに複製しておきます。

2 Textureメニューの画像メニューを開き、先ほどMake Txした画像を選択。すると右のボタンがONの状態に替わります。その上でDisplacementメニューで鱗のグレースケールテクスチャを選びます。

3 Intensityスライダを動かしてインタラクティブに凹凸具合をみながら好みのところで[Apply Displacement]をクリックし、モデルへ凹凸を適用します。適用する前にモデルのSDivを最大まで上げることも忘れずに。Displacementを反映させる際はマスク機能が使えないため、凹凸の強弱の微調節はあらかじめMorph Targetに指定しておきApply Displacementをした後Morphブラシで行います。

4 ここからは手作業。Standardブラシで鱗の形を修正したり、Dam Standardブラシで足りない溝をスカルプトしたり、Clayブラシでノイズを平らにしたりしながら思い描いたイメージを具現化させていきます。

5 スカルプトが完了したら、Multi Map ExporterからDisplacementとCavity、AOをエクスポート。

6 ここからはまた3Dペイントソフト（今回はMARIを使用）に移り、DiffuseやSpecular Color、Specular RoughnessやBumpマップを描いていきます。ハイライトが出るであろう曲面部や上面は意図的に暗めの色にし、反対になかなか光が当たらなそうな部分は比較的明るめの色や鮮やかな色を施したのがポイントです。今回使用したテクスチャは、Diffuse、Specular Color、Specular Roughness、Bump、Displacementの全5種類でサイズはいずれも8Kです。

7 Mayaでシーンをセットアップしレンダリングしてみて、違うと思った部分は再びテクスチャを修正、レンダリングをし直す、を何度かくり返し落としどころを見つけていきます。翼の大きさなどは最後の最後で小さめに変更しました。

007

幻獣

Cthulhu

007 邪神クトゥルフを現代に召喚する

今回は、2017年10月中旬に開催された「映像制作の仕事展 vol.2」(cgworld.jp/special/modellers) 向けに新たに描いた静止画作品のメイキングを、Photoshopによる写真を使った仕上げに焦点を当てて解説していきます。

クトゥルフとは、そもそも小説家や詩人として活躍したハワード・フィリップス・ラヴクラフト氏とその仲間たちによって創作された『クトゥルフ神話(Cthulhu Mythos)』という、架空の神話体系に登場する邪神ですが、その外見はある程度の定義はあるものの正解とされる姿かたちがないため、世界中のアーティストによって多種多様なかたちでビジュアライズされている魔物です。

ゲームや映画、イラスト等々……作品の形態を問わず、個人的な創作物がここまでほかの創作領域へ影響を与えることになるなんて、ラヴクラフト本人も思ってもみなかったことかもしれません。ですが、創作の面白さ(醍醐味)は世代や言語を超えて影響していくところにもありますよね。

今回の作例は、そんなクトゥルフが現代のアメリカの田舎町を突如襲来したという設定で、フォトバッシュの練習がてら描きました。

STEP 01 クトゥルフの質感調整と舞台構築

ZBrushでスカルプトしたクトゥルフのレンダリングイメージをPhotoshopに読み込み、写真素材を加工するかたちで質感を調整。その上で、作品舞台となる背景を構成する要素を加えてレイアウトを詰めていきます。

1 ZBrushにてクトゥルフの造形をした後、BPRでレンダリングしたものです。今回はPhotoshop工程メインのためZBrushでの造形解説は省きますが、特別なことをしたわけでもなくいつも通りDynaMeshから作成しました。

2 まず空を配置します。どんよりと重くるしい雰囲気の画にしていこうと思います。今回使用する写真の大半は「textures.com」からダウンロードしたものを活用しています。

3 レンダリングしたクトゥルフの画像をマスクで抜き、上から色を描いてみました。グレースケールに色を乗せる際はオーバーレイやソフトライトを使用します。

4 このままだと解像度が足りないので、細かいディテールを写真ベースで追加していきます。ゾウやサイの皮や模様などの写真を切り貼りして配置して、ソフトライトなどで重ねました。要所で深い溝などブラシで手描きで描き足したりもしています。

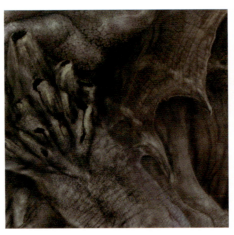 

5 イメージに沿って遠景から背景を足していき、画全体のレイアウトを詰めていきます。この時点では細かい処理やディテールのことは考えすぎず、あくまで全体感を形成していきます。

6 なんとなく色温度の統一感に気を配りつつ、手前の地面、道路、右手の山など、それぞれ異なる写真から切り貼りして配置していきました。

STEP 02 全体の構成とバリュー

パースや構図を意識しながら、全体としての一体感、そしてディテールを高めていきます。レイアウトが定まってきたら、各レイヤーごとに明度や色味を調整しながら画全体のバリューを整えます。

1 クトゥルフの足下に街並みがほしかったので、パースが合った写真を探してきて配置しました。素材を配置するたびに、空気遠近法に沿って色相彩度でトーンを整えます。

007 Cthulhu

147

2　道端に物量がほしかったので草木を置いてみたのですが、クトゥルフと道路の画角がまったく異なり違和感があったので、まるごと別の写真に置き換えてみました。

3　これに合わせて手前の物量を増やしていきます。この画の主役はあくまでクトゥルフなので、直線的な物の配置（家や電柱）などでそれに目が行くようシンプルな構図に落ち着きました。

4　このままだと素材同士の連続性がないことでかなり違和感があったので、手前に電柱をさらに配置しました。まだ後々物量は増やしていきますが、おおまかなレイアウトはこんな感じでいこうとこの時点で決めました。

5 バリュー（色彩の明暗、色価）を再確認するため、いったんクトゥルフは非表示にして画面内の世界の奥行きとトーンを整えました。それぞれのレイヤーに対してトーンカーブやレベルなどで明度や色味を微妙に変えていきました。

6 クトゥルフを再び表示させて、違和感がないよう明度を調節しました。いったん白黒にしてクトゥルフがいる遠景地点とクトゥルフ自体が同じ明度とコントラストになるよう調整します。ついでに足元に広がる炎も追加しました。

7 シルエットがかすかに浮かび出ている不気味さを表現したかったので、さらにフォグを足しました。

STEP 03　情報量の追加＆最終調整

作品としての深みを出すべく、シーン内にキャラクターや小物を描き加えてストーリー性をもたせます。その上で、レンズフィルター等を用いて画面全体（環境）としての色味や空気感をまとめ上げます。

1　シーンに情報を足していきます。クルマや柵や水たまりなど、この場所にどういう人間やどういう生活感（実在感とも言えるかもしれません）があるのかを伝える手段として小道具を配置するのはとても効果的です。

2　依然として殺風景すぎるので、電柱を近景に足しました。先ほども描きましたが、同じモチーフを効果的に配置するのは奥行き感とスケール感を表現するのにとても有効です。この画の場合は、現状画面の下から上に向かっての奥行きのグラデーションの軸しかないので、手前に電柱や電線を大胆に配置してその単調なグラデーションを崩してコントラストを生み出しています。

3　クルマの手前や画面の縁の方にも情報を足します。手前から奥に向かうにつれてコントラストがどんどん低くなるという遠近法の基本的なルールに沿って、手前に配置した物のコントラストを決定していきました。

4 レベル補正で、画全体のブラックレベルとホワイトレベルを調節しました。これによりさらに重い空気感が出せたかなと思います。

5 さらにトーンカーブ、レンズフィルターなどを使い環境の色味や色温度を決めていきました。暗くどんよりとした重い雰囲気の画にしたいので青系統で統一し、差し色としてクルマのライトと町の炎に赤を使用しています。

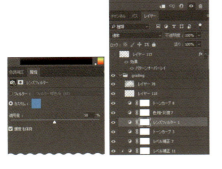

6 最後に、窓ごしにこの風景を見ているという設定を加えたかったので、窓につく水滴を描きました。水滴は上下左右反転した像を内部で結ぶので、そのルールにしたがいハードブラシでざっくり描いていきました。そのレイヤーに対しぼかし（ガウス）をかけて完成です。

[主なツール] ZBrush | Maya | Photoshop

008 多くの種類と特性をもつ魚類、その魅力を形状へ

今回はアゴがガバっと開いて獲物を捕らえる肉食魚を制作しました。魚類とひと口に言っても地球上に生息する魚類は約27,000種で、現存の地球上の種のおおよそ半分を占めています。哺乳類や爬虫類、両生類などあらゆる陸上生物も元は魚から進化したのだから当然と言えばそうかもしれません。そのため植物のような生命の元始的な機能をそのまま受け継いでいるものも少なくありません。魚類のうち海（塩分濃度約3％）で暮らす海水魚と、川や湖など（無塩水）に棲む淡水魚に大きく分類できます。身体的構造の特徴としては、水の抵抗を受けにくい流線型で、鰓（エラ）、鰭（ヒレ）、鱗（ウロコ）を有します。鱗は主に、楯鱗（じゅんりん）、硬鱗、円鱗、櫛鱗（しつりん）の4種類。捕食するために陸上生物とは異なり腕などを使えないため、口の形が種によって独特の進化を遂げているものが多いです。水中は光の量が少ないのでその分、目が大きい種が多いのですが、中には目を退化させ他の器官を発達させたものも存在します。そうした実在する魚類の特性を随所に反映させていきました。

幻獣 / 生物 / スカルプト

008 Scaler Oarfish

STEP 01 コンセプト&ラフモデル制作

まずは手描きでスケッチをしながら、全体的なイメージを考えます。リュウグウノツカイなどのような胴長のデザインに決めたので、ZSphereからラフモデルを作成。鱗は別のSubToolとしてつくり分けます。

1 リュウグウノツカイやアロワナなど普段から惹かれていた魚類をいくつかピックアップし、その要素を混ぜていきました。ラフスケッチから良さそうなシルエットを探し出します。その上で生態をおおまかに決めました。全長2メートルほどで生息域は水深50～500メートルの領域、普段はなかなか浅瀬に姿を現さない……。さらに細かな身体的特徴を決めていきました。小魚やウツボなどをエサとしていて、顎は二股に大きく開き鋭い長い歯が多数生えているため、一度口の中に入れた獲物はなかなか逃げられません。

2 鱗には4つの種類があります。楯鱗は小さな鱗がさらに突起状に変形しており、ザラザラした質感。櫛鱗は細かい棘があり粗雑。硬鱗は比較的1枚1枚が大きく、中には鱗同士が重なっていないものも。円鱗は表面に棘のない滑らかなものです。

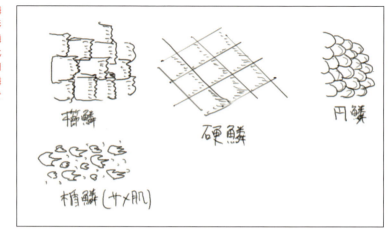

3 深海で獲物をおびき寄せ捕食するため鰓部分から長く伸びた鰭は発光します。現実のリュウグウノツカイは鱗をもたないのですが、この幻獣は行動的なので外傷をより防ぐため硬鱗に覆われています。全体をうねうねとゆっくりなびかせながら移動します。まずはZSphereを使用して細長い胴体部分を作成していきます。Tool内からZSphereを選択し、ドラッグでZSphereを追加。Moveツールで図のように、ひょいっと伸ばします。

4 Adaptive SkinタブからMake Adaptive Skinをクリックして、ZSphereをポリゴン化します。

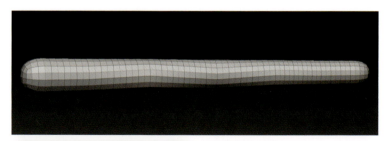

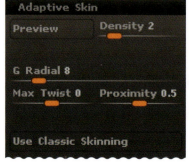
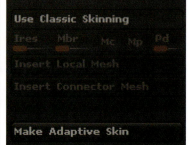

5 ClayTubesやStandardブラシなどでZBrushでスカルプトを開始します。別SubToolで鰭もつくっておきます。一見単調な形ですが、断面図に気を配ってスカルプトしていきました。

6 顔あたりの凹凸を集中的にスカルプトしていきました。あごがどう畳まれているか、関節はどのような構造かなど、ぼんやり考えながら凹凸をデザインしました。

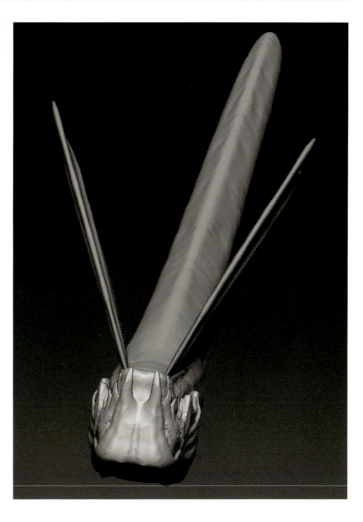

008 Scaler Oarfish

STEP 02 鱗の制作

鱗はテクスチャをベースに表現します。ZBrushで作成したラフモデルをMayaへ書き出し、UVを調整。後工程における調整作業を効率化させるため、頭部と胴体とで、別々のUVタイルに設定しておきます。

1 ラフモデルをZRemesherでリトポし、UVを整えるためMayaへエクスポートします。

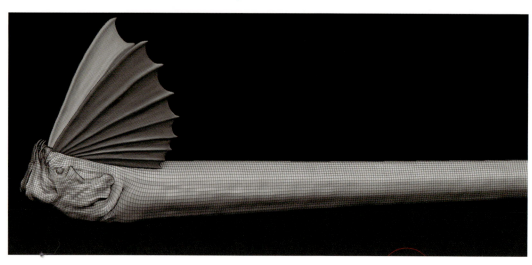

2 顔、胴体部分を後々調節しやすくするため別々のUVタイルに設定。胴体部分は図のように格子状にUVを配置することで鱗のリピートテクスチャを効率良く使用したいと思います。

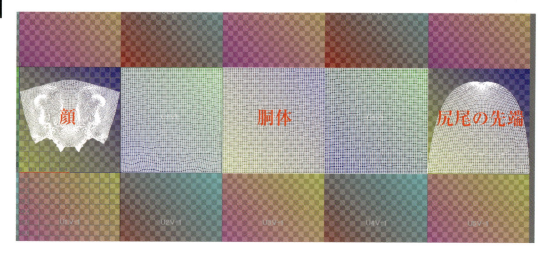

3 鱗のアルファを形成します。表現したい硬鱗の画像をベースに手描きで形を描いていきます。

4 ［フィルター→その他→スクロール］でタイリングして、アルファは完成です。

5 ZBrushに先ほどMayaでUVを作ったモデルを読み込み、ProjectAllで元のスカルプトモデルからディテールを転写します。

6 さらにDivideを最大まで上げました。Displacementタブで先ほど制作した鱗タイリングを読み込みます。そして、後々のためにモーフターゲットをStoreしておきます。

7 適切なIntensityを見つけ、Applyで凹凸に変換。さらにマスク機能やインフラット機能を使って溝を際立たせていきました。

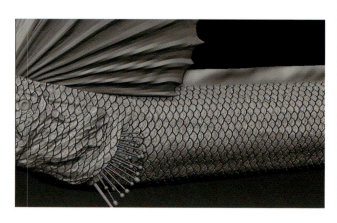

STEP 03 テクスチャ&シェーディング

仕上げの工程は、テクスチャリングとシェーディングを中心に解説します。ZBrushでモーフブラシによる鱗領域の調整やベースカラーの着彩を行なった後、レンダリングをくり返しながら手作業で追い込みました。

1 全身に鱗が反映されてしまっているため、顔部分をモーフブラシで鱗がないモデルへとモーフさせていきます。

2 ベースカラーもZBrushで塗っていきます。鰭部分を鮮やかな紅、鱗部分は青や緑など様々な色を混ぜつつ全体的には落ち着いた青で構成することにしました。

3 最終的に手作業で気になる部分やノイズを消していきます。それが済んだらMulti Map ExporterでDisplacementとNormal、Texture、Cavityを設定してテクスチャに変換。もし鱗が重なり合っているようなモデルの場合は、Vector Displacementも出す必要があるかもしれません。意外に思われるかもしれませんが、ZBrushから出力する際は普通のDisplacementよりもVector Displacementの方が圧倒的に処理が軽いです。レンダリングコストもまったく変わりません。Vector Displacementもプロダクションワークフローにおいてもう少し普及すると良いのではないかと常々思っています。

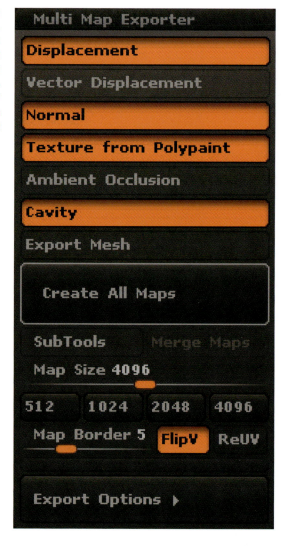

4 ZBrushからエクスポートしたCavityやColorTextureをベースにPhotoshopでテクスチャを描いていきます。レイヤーを追加してオーバーレイモードや覆い焼きモードで明暗を分けていきます。

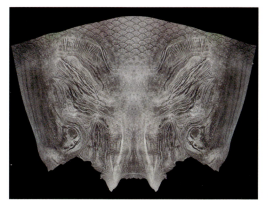
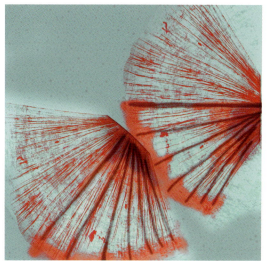

5 鰭部分は剥がれた皮やボロボロのエッジを表現するためにトランスペアレンシーやリフラクションテクスチャを描きました。

6 Maya側でレンダリングしながらテクスチャを直す……のくり返しで落としどころを見つけていきます。レンダラは3Delightを使用。こちらが最終的なレンダリングイメージになります。Photoshopでレタッチしたら完成です。

lijumala

[主なツール] ZBrush Photoshop

009 ZBrushによる造形を活かしてコンセプトアートを描く

　ZBrushでラフモデルを作成した後に、Photoshopでペイントオーバーを施すことでコンセプトアートに仕上げました。ZBrushで作成したラフモデルをアタリにして、その上からPhotoshopで陰影や色を描いていくのですが、今できるだけ細かく解説していきたいと思います。線画を描くのに慣れている人であれば、イチからPhotoshopなどの2Dペイントツールで描いていった方が効率良く、作業時間的にも手早く仕上げられるのかもしれません。ですが、僕のようなもともと絵を描いていたわけではないデジタル造形出身者からすると、今回のように3Dでラフモデルを造形した上に描き込んでいくというアプローチはスムーズにイラストを仕上げる最適解のひとつではないかと思っています。

　本作のモチーフは、寒い国の山奥に棲む獅子神的な生き物です。頭や背中から生えてる角はヘラジカのような質感を想定し、顔や首はネコ科を参考に、体には鹿や馬のような要素を入れて、静寂な雰囲気の中にも凛とした表情を織り込んでみました。

STEP 01　ラフモデル

ZBrushを使いラフモデルを造形します。DynaMeshでベースを形づくった後、MoveやScale等の各種ブラシやSubToolを用いて、頭部の角をはじめとする特徴的な部位を加えていきました。

1 DynaMeshからMoveブラシなどで形状を起こします。この時点では鹿のような神聖な雰囲気の生物にしよう程度に漠然と想像していました。

163

2 角をZSphereで作成します。SubToolのAppendからZSphereを選択してSubToolに追加した後、MoveやScaleツールを使って形づくっていきました。この生物の特徴として背中から大きな角を生やすことにしました。

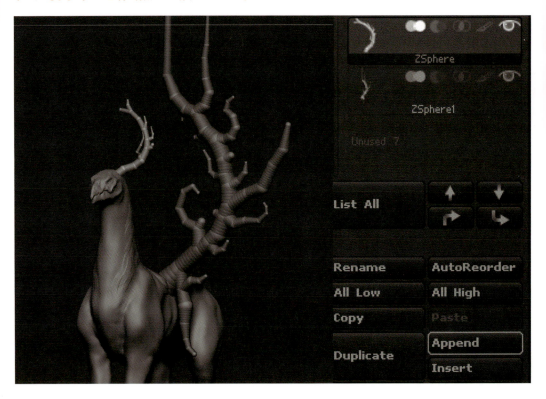

3 プレビューして（[A]キーをクリック）、大丈夫そうだったらMake Adaptiveをクリックしてポリゴンに変換した後、Appendで変換したオブジェクトを読み込みます。

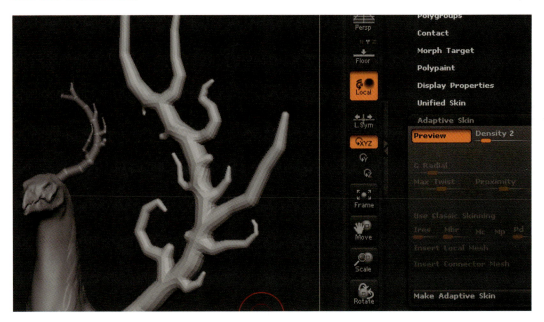

4 角をDivideしてStandardブラシやClayTubesブラシなどでスカルプトしていきました。頭の角は反転複製してSubToolをマージした後、DynaMeshで輪っか状に結合します。

5 背中の角が唐突に1本だけ生えているのは少し違和感があったので、背骨部分から突き出してるイメージで、再びZSphereを使って数本の角を追加しました。

6 この段階でマージした角のSubToolを複製し、[Deformation→Mirror X]で反転して全体の印象を見てみます。それに伴って体部分の造形もさらにつくり込んでいきます。

STEP 02 ポージング

前工程で作成したラフモデルに対してポージングを施します。それと並行して、毛並みや表情といったディテールを整えていきます。毛の質感にはSnakeHookやDam Standardブラシを用いるのが効率的です。

1 おおよその造形が出来上がったら、ポージングしやすいようにZRemesherでポリゴン数を減らしました。ポリゴン数を減らした後、DivideしてProjectAllでハイポリの凹凸を転写します。

2 さらにDivideしてポリゴン数を上げた上で首の毛を作成していきました。こうした質感はSnakeHookブラシやDam Standardブラシを使うと比較的容易に生やせます。

3 全体です。角の幅や脚の長さなど、細かいバランスを整えました。

4 顔があまり気に入っていなかったので別パーツで作成したものと入れ替えてみます。こっちの方が神聖な感じがしてしっくりきました。元の顔はHideしてDelete Hiddenで削除します。

5 ポージングは以前までマスクを用いて作業していたのですが、最近はTranspose Masterで行うことが多くなりました。この機能を使うと他の隣接するSubToolも一緒に動いてくれるため、マスクでひとつひとつ動かしていくより効率的です。はじめに、連動させたいSubToolのみを表示させSDivレベルを一番下まで下げてから、[ZPlugin→Transpose Master]のZSphere RigをONにした後、TposeMeshをクリックします。

6

すると自動でZSphereモードに切り替わるので、後はボリュームや骨格に沿ってZSphereを組んでいきます。

7

Toolsメニューの下の方にある[Rigging→Bind Mesh]でメッシュをバインドしてポージング可能にしたら、ZSphereをRotateさせながらポーズを付けていきます。ポーズを付けたら[Transpose Master→TPose]から、SubTをクリックして実際にポーズをツールに適用します。

STEP 03 　Photoshopによる ペイントオーバー

ZBrushからBPRレンダリングした各種パスをPhotoshopに読み込み、ペイントオーバーでひとつのアートに仕上げていきます。3DCGをベースにすることで、パースだけでなく光源の指針としても活用できます。

1 ポージングさせた状態のものをBPRレンダリングして、それぞれのパス（Beauty、Shadow、AO、Mask、Depth、Backlight、Normal）をPhotoshopに読み込みます。影とオクルージョンは後で調節しやすいように、なるべくbeautyパスでは薄めに出すようにします。

2 Photoshopに移り、ShadowやAOを乗算モードでほどよく合成し、その上から焼き込みカラーやオーバーレイモードでベースの色を乗せた状態です。

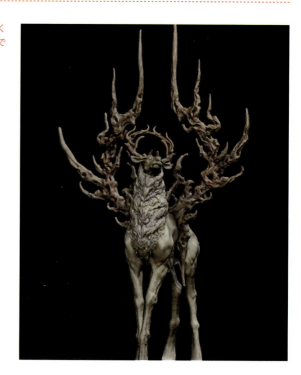

3 背景を早い段階で付けておくと全体としてのイメージをつかみやすいです。雪山の写真を見つけて配置してみたり、必要に応じて近景や中景も追加しました。背景とキャラの色味をトーンカーブなどで合わせておきます。

4 首の毛の質感や体の鹿のような短い毛の質感を追加しました。写真を切り貼りしてキャラのベースレイヤーにクリッピングすると手軽に行えます。このとき、写真に含まれるライティングの方向が最終的なアートと一致しているのかどうか、注意を払うこと。ZBrushから出したLightパスをスクリーンなどで写真素材の上から薄く重ねるというのも有効かもしれません。

5 角の質感や、顔の表情や細かいパーツを描き込んでいきます。顔は獅子っぽいネコ科の生き物を参考に、角は流木などの美しいラインが出るよう丁寧に描いていきました。目の色は体が黄色なので、蒼色にしました。

6 角にもうっすらと木の写真素材を切り貼りしたものをソフトライトなどで重ねます。

7 体のいたるところに積もっている雪を描き足します。参考資料を見ていると、意外と雪山の生き物は雪まみれですね。

8 角から垂れてるツタっぽいものや息、粉雪を描き足していきます。あとは画全体で見たときの印象を重視してライティングや空気感を足していきました。明度の高い色をソフトブラシなど、やわらかいものでうっすら乗せて、ソフトライトやスクリーンで重ねると空気感が強調されます。

DIVERSITY

生物

Living Thing

001 a Baby Tiger **003** スピノサウルス
002 煙猫   **004** ナイルワニ

001
生物
a Baby Tiger

[主なツール] ZBrush　Maya

001 テクスチャリングとHair専用プラグインで毛並みを表現

今回は、毛と模様のある動物がつくりたくなったので虎の赤ちゃんをつくりました。虎は食肉目ネコ科で、シベリアトラ（アムールトラ）、スマトラトラ、ベンガルトラ等6亜種に分類される大形の哺乳類です。北はロシア、南はインドネシアまで広範囲にわたって生息していますが、現在は6全種が絶滅危惧種になっていてそれぞれ数百〜数千頭ほどしか生きていないようです。6種のちがいは、一見わかりづらいのですが、よく観察してみると少しずつ模様や体毛にちがいがあることがわかりました。ロシア地方に住むシベリアトラは体が大きく体毛は長く、体の黒い縞模様の比率が少し小さいです。一方、南に住むスマトラトラは体が小さく体毛は短く、体の黒模様の領域もだいぶ多いです。シベリアトラは体が大きいのでその分顔も大きく、目がかなり小さく見えて怖い印象を与えます。逆に南に生息する虎は、体の小ささゆえ、しなやかなネコっぽい印象を受けました。また狩りには不向きに思える派手な模様の由来を調べてみたところ、草食動物は色覚がないため虎の明度の高い黄色が白に見え、縞模様を草木や茂みのように認識してしまうみたいです。面白いですね。

STEP 01 ラフモデリング＆スカルプト

ラフモデルを作成します。今回は、毛を生やすことを前提としているので、形状自体のディテーリングはほどほどに、全体的なシルエットや面のながれを意識しながら形づくっていきました。

1 作業を始める前に一度軽くスケッチをして、どんな形をしているか、特徴などをつかんでおくとスカルプトする際に迷いません。今回は生後1年経たないくらいの生まれたばかりのかわいい赤ちゃん虎を目指すことにしました。

2 DynaMeshから始めます。MoveブラシとClayTubesブラシ、Clayブラシで形づくります。

3 リファレンスを見ながらスカルプトしていくのですが、毛が生えているのでなかなか立体感がつかみづらいです。そんなときはまず頭蓋骨を調べ、それをベースに形づくっていきます。

4 毛を生やすことを前提とする造形なので、毛を生やした後も陰影が出やすいよう少し大げさに立体感をつけていきました。

5 ベースの造形はこのような感じに仕上がりました。上から見たときの胴体の曲線や、子供らしい手足のぼってりとした感じに気を配りながら作業を進めました。

6 リトポロジー作業終了後はUV MasterでUVをいったん開きMayaで修正した後、もう一度ZBrushへOBJ形式でモデルをインポート。何度かDivideした後、Projectで元モデルのディテールを転写します。

7 顔と耳の造形を少し修正します。鼻の先の細かな凹凸や鼻筋が目元や額に流れていくときの微妙な面の変化に気を配りました。イカ耳が個人的にかわいくて好きだったりします。今回は毛で覆われるのでディテールはほとんど入れずにスカルプトは終了です。

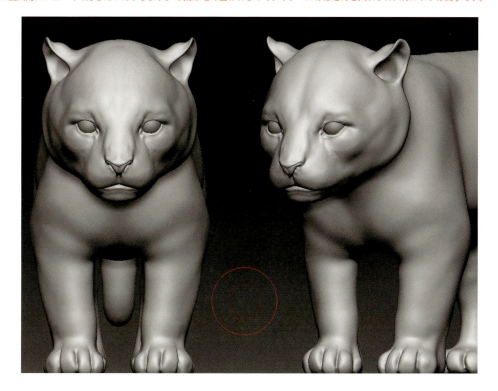

幻獣生物スカルプト

001 a Baby Tiger

STEP 02 虎柄の3Dペイント

ベースモデルをOBJ形式で3Dペイントソフトに読み込み、虎柄を描きます。ここでも最終的にHairシミュレーションで毛並みを表現することを念頭に、多少オーバー目に色分けを施しました。

1 例のごとくモデルをOBJ形式で3Dペイントソフト（MARIやMudbox）へエクスポートします。

2 ベースの黄橙色の上に異なる明度や色相のバリエーションを乗せていきます。

3 白い模様と鼻や耳の色、それとほんの少し汚し色も入れました。ムラを適度に出すことでよりリアルなテクスチャが描けます。

4 虎の象徴とも言える黒い模様を描いていきます。フリーハンドで描いたので多少人工的な感じがぬぐえませんが、逆にこのくらいのはっきりした色塗りの方が毛の色に反映されやすいです。

5 顔の模様は虎の種類や年齢によって異なるのですが、体が小さい子供ということを考えると黒の面積が大人より少し大きいはずだと考えました。というのは体格が大きいシベリアトラは黒模様が薄く、小さめのスマトラトラは黒が多い印象だったからで、学術的にそのような法則があるかは不明です（模様の生成パターン的にはそのような感じがするのですが……）。その点だけ意識してあとは写真を見ながら地道に描いていきます。

6 さらにその上から明度や彩度のムラを少しだけ加えました。

7 最後に毛のテクスチャをソフトライトのレイヤーに描き、カラーマップが完成。これをそのまま毛のカラーにも割り当てます。

STEP 03　FiberMeshを用いた育毛

ZBrushでベースとなるHairを生成します。Groom HairTossブラシで毛並みを整えた上で、Mayaプラグイン「Shave and a Haircut」を用いて最終的なブラッシュアップを行いました。

1 ZBrushに戻り、毛の生えない目、鼻まわりだけマスクを描き、Ctrl＋クリックでマスクを反転させて毛の生える範囲全てにマスクをかけます。

2 FiberMeshメニューのPreviewボタンをクリックすると、マスクがかかっているところ全てに毛が生えます。ですが、これはあくまでプレビューなので、Modifiersタブの中のパラメータで好みの長さや密度にしたらAcceptをクリックし、SubToolに追加する必要があります。

3 Acceptをクリックしたら毛のSubToolを選択。ブラシをGroom HairTossブラシに変更し、毛並みを整えます。

4 そのままではブラシストロークがくっきり残りすぎてしまうのでGroomTurbulenceで少しランダム感を出します。

5 その際ブラシメニュー中のFiberMeshタブのFront Collision Toleranceというパラメータを少し下げると、毛並みを崩しすぎることなく適度なランダム感を出せます。

6 こちらが完成した毛並みです。おおまかなながれができていればあとはMayaで微調節できるので、これを[FiberMesh→Export Curves]で.ma形式で保存しMayaへ読み込みます。こうすることでMayaで読み込んだときにカーブデータとして読み込むことができます。

7 今回はShave and a HaircutというMayaのHairプラグインを使って、毛の最終調節を行いました。Mayaに虎のOBJデータを読み込み、さらに先ほどのカーブを読み込みます。毛を生やすモデルを選択し、Create New Hairから好きなプリセットを選択します。

8 次にカーブを全て選択した上でShaveノードを選択し［Shave→Edit Current→Comb Using Curves］を実行すると、カーブのながれに沿ったShaveの毛並みになります。あとはShaveノードのパラメータで毛の質感や長さなどを設定して完成させます。

9 主にはClumpやFrizz、Kinkのパラメータを調整し、何度かレンダリングしながら思い描いた毛並みに近づけていきました。

002

生物

煙猫

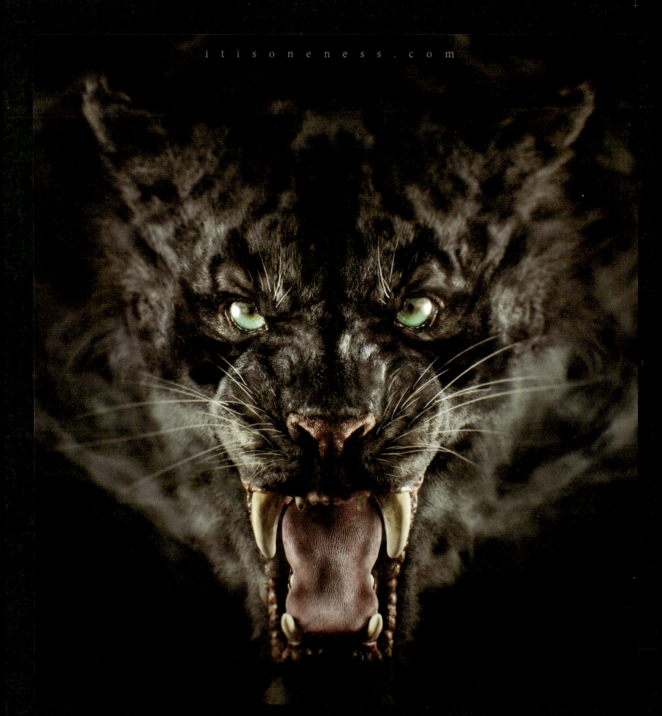

[主なツール]　ZBrush　Maya

002 MayaのFur機能で動物の自然な毛並みを表現する

今まで仕事でFurやHairを制作する際は、YetiやShave and a haircutといったMayaプラグインを利用していたのですが、Mayaがバージョン2017になってから、XGenもようやくユーザーフレンドリーな機能が搭載されたり、UIもそれ専用に整い始めたことを知り、今回使ってみました。XGenの中でも様々なFur生成のアプローチがありますが、今回使用したのは「Interactive Groom」という機能です。

個人的な使用感としては、従来のカーブに対してHairシステムをアサインするようなFur機能とちがい、Yetiのような独自のガイドスプラインに対して、長さや向き、ながれをブラシで指定していくことで直感的にスタイリングを行うことができ、非常にやりやすかったです。微妙な毛の長さの差異や束感、縮れ具合などの表現も、全てブラシを使用してスタイリングすることができたので、動物や家具などの毛に見られる不規則なニュアンスも地道にブラッシングしていくことでしっかり表現することができます。そして何より、特別なシェーダを割り当てなくても、すぐにArnoldを使って最終的な質感を確認することができるのも大きな魅力だと思います。

STEP 01 ベースとなる形状のスカルプト

ざっくりと全体的な形状をスカルプト。頭部と体、装飾品といった各パーツごとにSubToolをつくり分けながらディテールを詰めていきます。歯のような細かなパーツは、複製や反転コピーを適宜活用するのもコツです。

1 今回はラフスケッチなどは描かず、フィーリングのおもむくままに形づくっていきました。DynaMesh64から彫り始め、Moveブラシ、ClayTubesブラシ、Standardブラシを用いてざっくりとスカルプトを進めていきます。

2 なんとなく顔の表情や印象が浮かび上がってきたら、体や装飾となるパーツを別々のSubToolとして作成していきます。

3 ZRemesherでリトポロジーを済ませ、Polygroupを分けてUV MasterでUV展開を行いました。その後、Divideを上げてハイポリのモデルと重ねて表示させ、Projectをクリック。ディテールを転写します。

4 顔の周りにある装飾は、後で煙のエミッタとして使うことを想定して(Fluidの発生と経過にしたがって流体自体の形がぼやけてくるため)、やや強調した形に形づくっていきました。

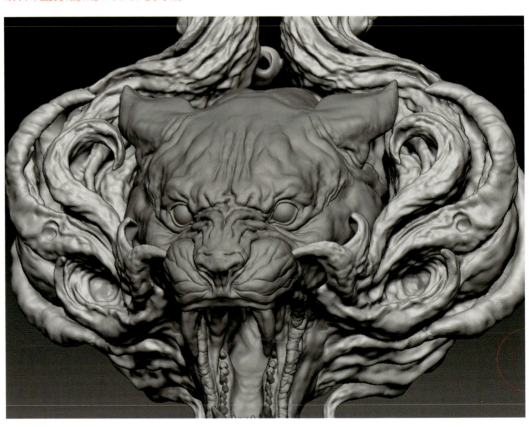

5 歯も別のSubToolとして作成します。まず1本を作成し、Ctrl＋Moveツールでどんどん複製して並べます。右半分が出来上がったら、SubToolを複製し、Mirror Xで左右対称コピーを行います。

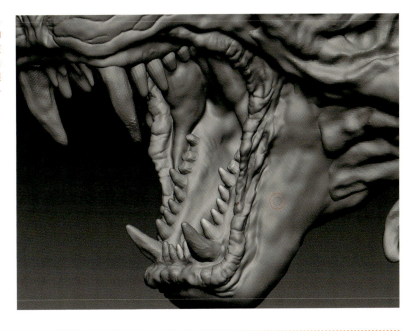

6 毛で覆われない鼻や口のまわりの肉部分をさらにスカルプトします。アルファなども使いながら、Dam Standard、Inflat、Standardブラシなどで質感の印象を高めていきます。

7 装飾部分もMayaへ読み込むことを考慮し、ZRemesherでリトポロジーすればモデル自体は完成です。今回は顔部分に関してのみVectorDisplacementMapを使用しました。

STEP 02 Interactive Groom Splinesの利用法

XGenの「Interactive Groom Splines」を使い、毛並みを整えていきます。この機能では、独自のガイドスプラインに対して、毛の長さや向き、ながれをブラシで指定していくことで直感的なスタイリングが行えます。

1 Maya 2017で新たに搭載されたXGenの新機能「Interactive Groom Splines」を試してみたので、簡単にそのワークフローをまとめておきます。まず、ウインドウの右上のXGen-Interactive Groomで操作しやすいUIを読みます。そして、毛を生やしたいポリゴン（オブジェクトまたはフェース）を選択し、[Generate→Create Interactive Groom Splines]をクリックします。

2 すると図のように、discriptionと共にビューポートにプレビューが表示されます。descriptionノードの子にはdescription_baseという毛の分布や本数、CVポイントに関するノード、Scaleという毛の長さに関するノード、Sculptという毛の向きやカーブ具合などをブラシでスタイリングできるノードがあります。description_baseのDensity MultipliesとDensity Brushを用いておおよその全体の密度を先に決めておくと何かと都合が良いです。

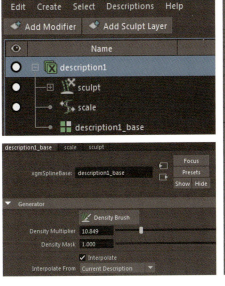
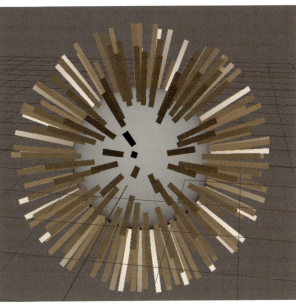

3 親ノードであるdescriptionノードを選択すると、1本1本の太さを調節することも可能です。Taperで先端にいくにつれて細くなるよう設定し、[Scaleノード→Scaleスライダ]で長さを調節します。

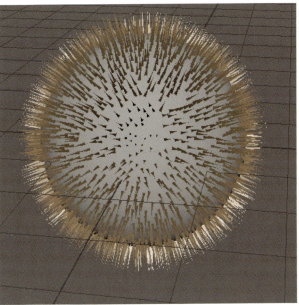

4 SculptノードのLayerのEditボタンがONになっていることを確かめた上で、XGenメニューのCombブラシを選択。毛の向きをブラシで描いていきます。ブラシを使用するときは、常にTool Settingメニューで強度や影響を管理しておくことがポイントです。

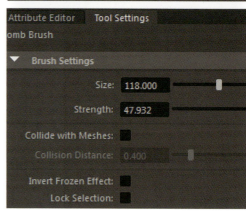

5 このXGenブラシにアクセスする方法は、一度どれかのブラシを選んだ後、Shift＋右クリックで表示される「マーキングメニュー」からそれぞれのブラシにアクセスします。

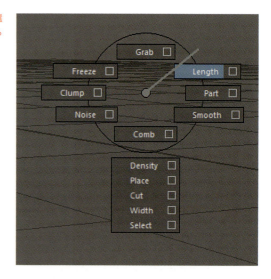

6 1つのスカルプトレイヤーには、異なるブラシの影響をスカルプトすることが可能ですが、後々修正しやすいようにあらかじめAdd Sculpt Layerで使用するブラシごとにレイヤーを分けておいた方が良いです。Add Modifierボタンからその他のノードを追加し、効果を加えることも可能です。

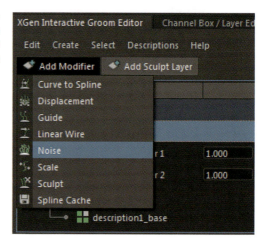

7 スカルプトや他のModifierを追加した後に、Description_baseノードのDensity MultiplierやDensity Brushを使用して毛の数を増やす場合は、InterpolateをONにしておくとスカルプトなどの影響をそのまま増やした分の毛に影響を引き継ぐことができます。

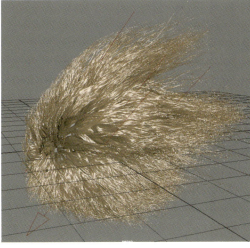

STEP 03 本番モデルへのInteractive Gloomの生成

ScaleやDensity等で毛並みの設定を調整しながら、全体としてのおおまかな毛の向きやながれを整えていきます。その上で、レイヤーを追加しながらスタイリング、コーミングを行いました。

1 本番モデルに実際にInteractive Groomを生やします。毛を生やしたいフェースを選択して毛を生やすのですが、先に[Create→Sets→Set]で選択したフェース群を登録しておくと、毛の生えている部分を後々変更したい場合に効率良くフェースの再選択が行えます。

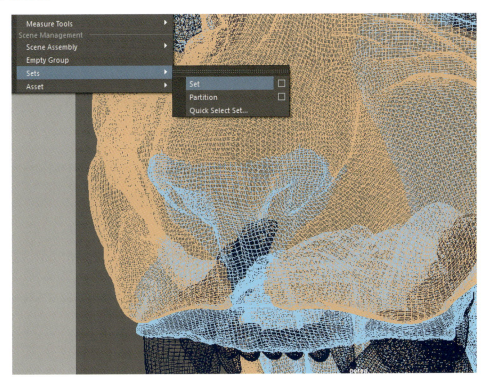

2 フェースを選択し、Create Interactive Groom Splines で毛を生やします。前項で説明した手順に沿って、まずはじめにDensityを少し上げて全体の密度を上げておきます。さらに密度を足したい部分はDensityブラシで好みの密度にしていきます（最終的にもっと密度は上げるのですが、早い段階からある程度毛の密度の雰囲気を視覚的につかんでおくために少し上げておきました）。

3 Scaleで毛の長さを整え、sculptレイヤー（Directionと命名）にGrabブラシを用いて、全体のおおまかな毛の向きやながれを指定します。ブラシを用いてスタイリングする際はTool Settingメニュー内のパラメータでブラシの強さや影響、シンメトリーを変更可能です。

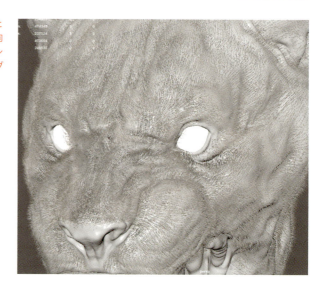

4 毛の向きをおおざっぱに整えた後は、毛の長さをスタイリングするために新しくsculptレイヤーを追加して（Lengthと命名）、顔の毛の中でも部分ごとの毛の長さを整えていきます。

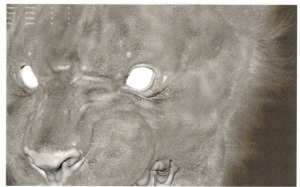

5 さらにレイヤーを追加し、combブラシで毛のながれを細かく整えます。ある程度整えたらdescription_baseノードを選択し、Density Multipriesスライダを上げておおよそ最終的に必要な毛の密度まで上げます（このときInterpolateはONに）。密度が高まったら、さらにcombブラシで細かい自然ななががれを作っていきました。

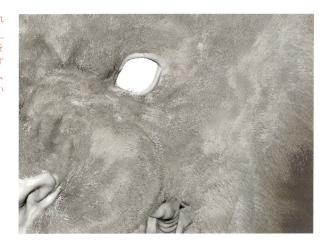

6 さらにレイヤーを追加してclumpブラシやnoiseブラシで毛のスタイリングを行います。clumpは毛束感を出すときに、noiseは縮れ毛や摩擦によってこすれる場所にある毛に用いると良いでしょう。

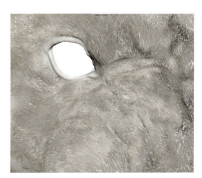

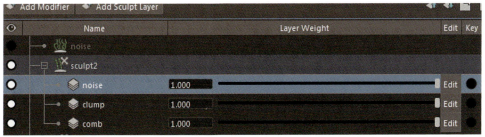

7 最後に［Add Modifier→Noise］などを追加しFrequencyやMagnitudeを好みの値にして全体にノイズをかけランダム感を出したら作業終了です。万が一、元ファイルが壊れても大丈夫なように、［Descriptions→Create New Cache］からAlembicキャッシュを取っておくのが賢明です。

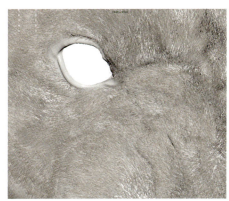
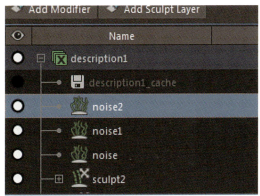

003
生 物
スピノサウルス

[主なツール] ZBrush Mudbox MARI

003 ワニの質感を取り入れ、説得力のあるデザインへ

今回は、白亜紀前期から後期にかけて実在したという、「棘トカゲ」の異名をもつスピノサウルスの骨格形状をベースに、自分なりに皮膚やディテールをデザインしながらオリジナリティを込めたスピノサウルスを制作しました。

現在知られている中ではティラノサウルスを抜いて全長15〜18mほどという、史上最大のサイズを誇る肉食恐竜だったとされているスピノサウルス。水中でも陸上でも生活できたのではないか、また水辺に生息し魚を主食としていたとしてワニの祖先ではなどと諸説があります。

そこで今回はよりワニを意識した皮膚感にしようと、現存するイリエワニの鱗や色味を取り入れてデザインしていきました。全長15m以上と巨体なので鱗ひとつひとつが身体に対してさほど大きくは印象に残らない点や、背中側のまだらに黒い模様と腹側の白っぽい生々しい黄色等をデザインに反映させることで、イリエワニの凶悪な雰囲気が感じられるよう努めました。加えて、皮膚の表面処理としてうっすら付いた汚れや剥がれかけている表皮などの表現にも気を配りつつ一連の作業を進めていきました。

STEP 01　ZBrushによるスカルプト

これまでと同じ要領でZBrushによるベーススカルプト、リトポロジー、そしてUV展開までを行なっていきます。UV Masterでひと通りのUV展開を終えたらMayaに読み込み手作業でUVレイアウトを詰めます。

1 ［LightBox→DynaMesh］からMoveブラシClayTubesブラシを用い、土台の形状をつくっていきます。鱗に覆われた生き物なので、おそらく筋肉ひとつひとつはあまり表面に出ないであろうことを考慮しておおまかな骨格をまずはトレースしていく感じで進めました。

2 ZRemesherでリトポロジーを行います。今回はベクターディスプレイスメントマップを使用してMayaでのレンダリング時にディテールを再現するため、トポロジーがルーズでも気にしません。

3 Ctrl + Shiftを押した状態のHideツールと［Polygroup→Group Visible］を併用して、UVの島を分けたい箇所ごとにグループを割り当てていきます。

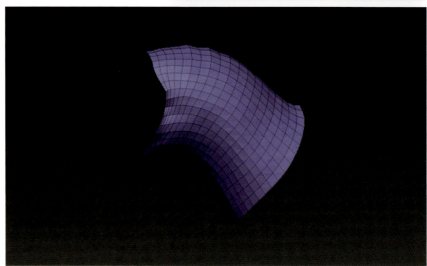

4 ひと通りPolygroupsを分け終わったら、UV MasterでPolygroupsをONにしてUnwrap。グループごとにUVを展開していきます。

5 UV MasterでUV展開し終えたら、さらに最適にUVを再配置するためOBJ形式でMayaに読み込み、手作業でUnfoldしたりエッジをカットしたりしながらレイアウトしていきます。UVを再配置し終えたら再びOBJ形式でZBrushに読み込みます。

6 ImportからOBJを読み込みます。これで最適なUVをもったローポリデータが準備できたので、ここからはDivideでポリゴン数を上げて、詳細部分をスカルプトしていきます。ある程度の形状はZBrushで造形し、鱗やシワなど写真を使ってより高解像度でディテーリングしていきたいところはMudboxを使用しスカルプトしていきました。

7 ZBrushでSDiv4までDivideしたものをある程度スカルプトし終えたら、OBJ形式でエクスポートしてMudoboxへ。Mudoboxの[読み込み]から、そのモデルをインポートし、[メッシュ→サブディビジョンレベルの再構築]を実行します。

STEP 02　Mudboxによる鱗のデザイン

Mudboxのスカルプトツールと、白黒写真のステンシル素材を用いて鱗のデザインを施していきます。顔の周りはハイライトの乗り方など、立体感のメリハリをひときわ意識しながらつくり込みを行いました。

1 Mudboxでサブディビジョンレベルを生成できたら、スカルプトレイヤーを新規作成して、スカルプトツールと白黒写真のステンシルを使い鱗のデザインをしていきます。このとき、実在するワニをリファレンスに眺めながら、背中は比較的突起の大きい鱗、腹部にいくにつれて皮膚っぽい薄い鱗に徐々に変化していくように配置していきます。

2 必ず箇所によって鱗の形状や大きさに変化が出るよう配慮します。それにあたり何パターンか鱗のステンシルをPhotoshopなどを用いて自分で作成する必要も出てくるでしょう。

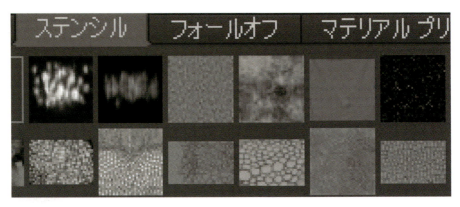

3 大体の鱗の形状を配置できたらそれらをより立体的に差別化するため、ひとつひとつ手作業で形状を変えていきます。この作業は先ほどの鱗のベース作成したレイヤーとは別途新規に作成したレイヤーに施すと、後々修正が楽になります。

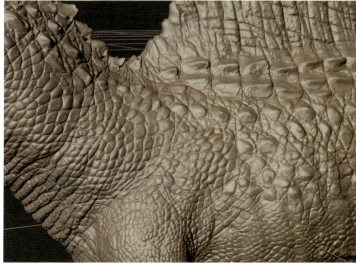

4 顔の周りの鱗は特にシビアに、どのようにハイライトが乗るかを考えながら立体的にするところと、あえて平面的にするところを理由づけしながらスカルプトツールで造形していきます。

5　鱗ひとつひとつの立体感を仕上げていった後、体全体の立体感が鱗でかき消されたような気がしたので、新規レイヤーを作成し、大きめのブラシサイズでスカルプトして皮膚感や情報量を足し直しました。特に横腹から太ももにかけて、この生物の内部構造がなんとなく浮き彫りになっているような緩やかな陰影を与えました。

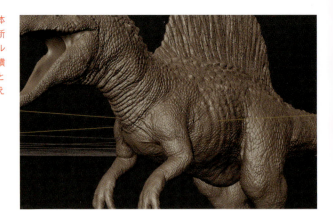

6　最後に口の中もつくり、全体を眺めてみてハイライトの乗り方をチェックしつつ完成です。

7　UVおよび［マップ→テクスチャ］の抽出から、ベクターディスプレイスメントマップと、DiffuseやSpecularマップ作成時に使用するCavityマップ（溝マップ）を出力します。Mudboxでは、Cavityマップはアンビエントオクルージョンのフィルタサイズをぎりぎりまで小さくすることで生成可能です。

 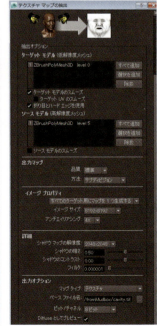

STEP 03 テクスチャリング＆レンダリング

テクスチャ素材をMARIで作成します。MARIには豊富なブラシプリセットが用意されているので、それらを使い分けながら各チャネルごとに深みを出していきます。最終的なレンダリングは3Delightで行いました。

1 MARIで各種テクスチャ（今回はDiffuse、Specular、Roughness、Bump）を作成します。ベーステクスチャとして先ほどMudboxで制作したCavityをインポート。これをマスクとして使うことで溝だけ異なる色が割り当てられたりするので重宝します。そのためCavityマップの精度は非常にシビアで、エッジがジャギっていないか、コントラストは最適かなど見定める必要があるのです。場合によってはトーンカーブやブラーなどのエフェクトで好みのコントラストをつけるのが良いでしょう。

2 Diffuseチャンネルを新規作成して、ベースカラーを塗ります。MARIには多様なブラシプリセットがあるので、様々なものを併用すると味が出ます。

3
部分的に彩度と明度の差をつけていきます。イリエワニのような黄色ベースの上に黒いまだらな鱗がところどころ乗るデザインにしようと思っていたので、まず下地の黄色に深みを出すべく多種多様な色を乗せながら描いていきました。

4
先ほど作成したCavityマップをマスクにして、鱗部分のみ黒く塗っていきます。キャビティをマスクにするには、[Projection→ChannelMask]で先ほどCavityを読み込んだレイヤーを指定します。

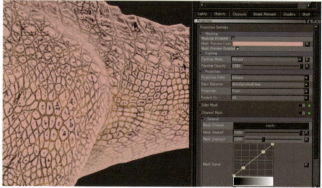

5
より小さなドットや模様、トーンをところどころ足していき、全体のディテールアップをしていきました。彩度、明度、コントラストに気を配りつつ、鱗と鱗の間の溝部分の色や黒い模様の周りの少しオレンジがかった箇所などは、手で地道に描いていきます。

6 ある程度描けたら、MARIのOrganicBrushプリセットや岩や波など様々な自然物の画像を用いて表面の乾いた皮膚や剥がれそうな皮の表現を付け加えていきます。

7 最後に全体のトーンの微調整を行なったらDiffuseチャンネルは完成。Specularはいつものように Cavityマップをベースにし Diffuseチャンネルで作成した汚れや皮のレイヤーをコピー＆ペーストしたり白黒反転させたりしながら作成していきました。[Export→Export All Channel Flattened]から全てのチャンネルをテクスチャへ出力します。

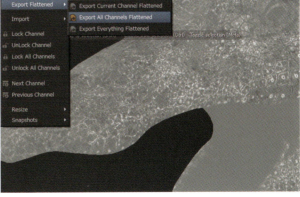

8 Mayaによるレンダリングイメージです。レンダラは3Delight、レンダリング時間はフルHDサイズで1枚1分程度でした。テクスチャはVector Displacement、Diffuse、Specular Color、Roughness、Bumpで、いずれも8Kサイズです。

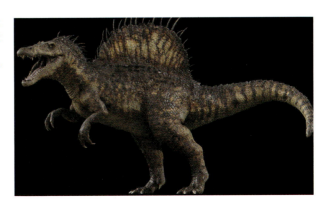

[主なツール] ZBrush Photoshop

004 鱗の形状は、生態や動作に応じて形づくられる

今回は実在する動物をアルファを使うことなく全て手彫りでデッサンし、オリジナル作品に活かすためのノウハウをストックするべく、「ナイルワニ」を観察して制作する過程を解説します。一見すると無造作にあるように見えるワニの鱗ですが、少し観察してみるとある規則性をもって整列していることがわかります。鱗の機能は主に外敵から身を守ることですが、もともと多くの爬虫類の鱗は皮膚から派生したもので、決して魚のように骨組織から派生したものではありません。関節など様々な方向によく動く部分は必然的に鱗が小さくなり、逆に背中や尻尾など決まった方向にしか曲がらない部分にはそれなりの規則性をもった形の鱗が整然と形成されていきます。このように、体の動きによって形成される鱗の形は様々で、その生物の生態や動作を調べることは造形する上でとても重要です。また、ワニは口の中の構造も独特で、肺呼吸でありながら水中で過ごすことも多いため、喉の入口の上部にある蓋のようなものと舌を使って喉を塞ぐという、体の中への水の浸入を防げるような構造になっています。こうした生態を知っておくと架空の生物を制作する際にも役立つでしょう。

STEP 01　ZBrushでラフスケッチ＆リトポロジー

本作もラフスケッチからはじめました。ただし今回は、実在する生物ということで写真などの資料を参考に、最初からZBrush上でスケッチする感覚でスカルプトしていきました。

1 DynaMesh64から造形をスタート。今回は実在する生物をつくるということもあり（リファレンスとなる写真や資料が手軽に見つかるので）、絵には起こしませんでした。

2 まずは全体の比率をリファレンスを見ながらざっくりとスカルプト。頭と胴体の比率や手足の長さだけに集中してMoveブラシのみで粗く盛っていきます。

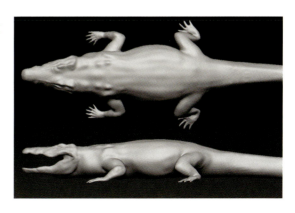

3

See-through機能を使って背後に置いたリファレンス画像と照らし合わせながら、頭の比率や体の比率を整えていきます。三面図があれば理想的ですが、生物の場合は商業制作でもあまり用意されないので、正面や上面は写真を参考に調節しました。

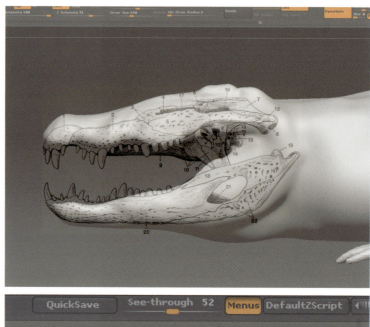

4

比率を整えたら全体のボリューム感を出していきます。ボリューム感は断面図を意識すると思い通りにいくことが多いです。胴体は楕円型、尻尾は四角に近い形を意識してつくりました。

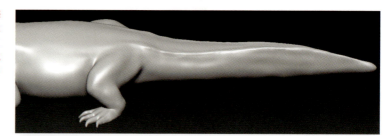

5 上下の顎の噛み合わせを意識して入れ食い型にしていきました。一般にワニと聞き、パッと思いつくのはおそらくアリゲーターとクロコダイルだと思うのですが、ナイルワニはクロコダイル科のワニで、下顎の第四歯が上顎より外に飛び出しているという特徴をもっています。この牙のような歯がアリゲーターに比べてより凶暴な顔つきを生み出しています。

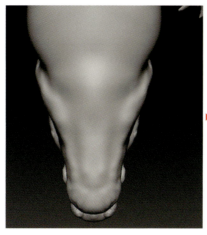 

6 完成したラフモデルです。表面がディテールに覆われているからといって、骨格と比率とボリューム感を疎かにしてはいけません。最も時間をかけるべき工程はここなのです。

7 ラフモデルが出来上がったらリトポロジーを行います。今回も詳細なアニメーションを付けるつもりはないのでZRemesherを使いました。一応ガイドラインを引きましたが、Target Polygons Count以外はデフォルトのままリメッシュ。許容範囲のトポロジーになるまで何回かくり返しました。

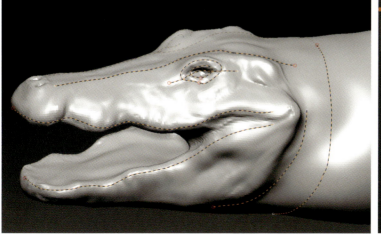 

STEP 02 鱗(うろこ)の作成

続けて、リトポロジーを施した上で、ナイルワニの大きな特徴である鱗のアタリとなる形状を加えていきます。背中や腹など、各部位ごとに鱗のながれや立体感のバリエーションを出すようにすることを心がけました。

1 モデルを2段階ほどDivideして鱗のアタリとなるラインを描いていきます。まずDam Standardブラシでおおまかな鱗のながれを線として描いていき、その後でStandardブラシやClayTubesブラシを使って鱗のざっくりとした立体感を出していきました。背中や腹部は曲がる角度に限界があるため規則的で大きめの鱗が並んでおり、逆に四肢の付け根や首周りは様々な角度に曲がるのでその動きを邪魔しないような大きさの鱗になります。

2 ガイドを引いた上面と側面の図。今は単調な線に見えるかもしれませんが、後工程で多少のランダム感や立体感を加えることによって自然に見えてくるため、この段階ではこれでOKです。

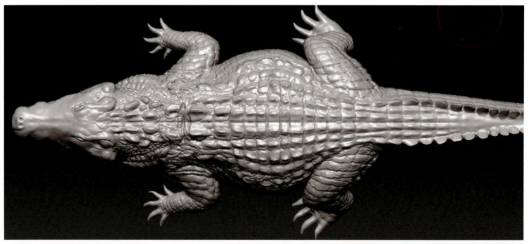

3 Divideを少し上げて、鱗ひとつひとつをガイドのながれの中からあぶり出していきます。鱗の間の溝やエッジを立たせたり、鱗ひとつひとつの凹凸間を変えていったりしながら、自然ではっきりと見えるようになるまで彫っていきました。

4 脚の鱗は若干お互いが重なるようにして並んでいるので、マスク機能とMoveブラシを併用して再現していきます。横腹の鱗は比較的薄く、背中中央の規則的なものはひとつひとつが大きくしっかりとした形になっています。皮膚の組織が積み重なってできているので、近くで見ると層のような構造になっていたり、大きな鱗の間隔を小さい鱗が埋めるようなかたちで形成されていることがわかります。

 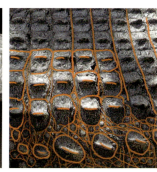

5 ながれと立体感を示したものです。首部分はドーム型、四肢は四角型、背中は山型、横腹は平型というように何種類かに分類できます。

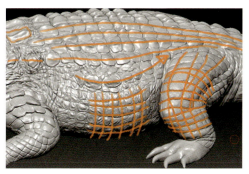 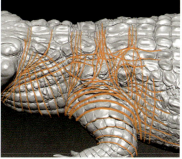

6 おおまかな鱗の形状が出来上がったらポリペイントで色を塗っていきます。UV展開をしていなかったので、SDivレベルを1に戻してGroup VisibleでUVの島（グループ）にしたい領域ごとにPolygroupを分けます。

7 UV MasterでPolygroupsボタンをONにしてUnwrap。これでディテーリングとテクスチャを描く準備が整いました。

8 SDivレベルを最大まで上げて（このモデルの場合はレベル6、約5,000万ポリゴン）、前工程で行なった鱗の位置を目安に、立体感を意識しながら1枚1枚つくり込んでいきます。実際の写真を確認したところ、顔の鱗はおおよそ歯の生え際を基点にボロノイ型で形成されていて、上下の顎の接合部のみが別パターンで、やや規則的に形成されていました。

9 四肢先端の細かい鱗は、1枚1枚つくるというよりもClayブラシで適当につけたアタリからあぶり出していく感覚で作成しました。Dam StandardやClayTubesブラシで仕上げていきます。このとき鱗のハイライトがわかるようなマテリアルに設定すると、立体感が正確につかめます。

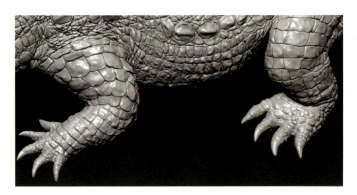

STEP 03 ディテーリング&テクスチャリング

仕上げ工程について解説します。今回は、ZBrush上でのペイントワークと、xNormalから書き出した各種マップ素材をPhotoshopでブラッシュアップしていく過程を中心に紹介します。

1 テクスチャリングを行います。まずは全体の色をSpotlight機能を使い写真から塗っていきました。ナイルワニは個体によって茶色っぽいもの、緑がかった黒、くすんだグレーなど様々ですが、たいていは環境による変化だと思うのでオーソドックスなグレーにしました。

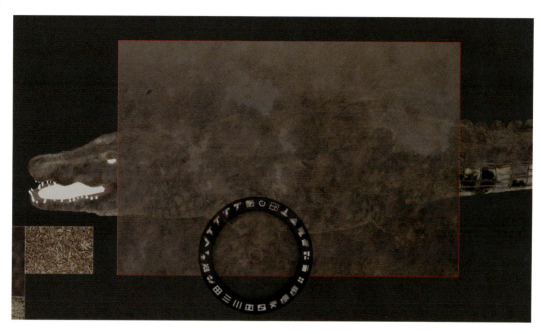

2 同時にCavity Maskを併用します。溝部分（左図）と鱗のエッジ部分（右図）を塗り分けたかったので、それぞれに応じたパラメータ設定でマスクし、Spotlightで別々の写真を使いました。

 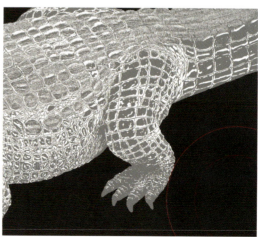

3

日に当たっているところは主にグレー、お腹など面が下に向いている部分は黄色、この2色を基調にペイントします。ところどころ黒い模様を入れました。

4

Cavityを使いペイントしていくとディテールがあぶり出されるので、足りない部分や描き込みすぎた部分がはっきりとわかってきます。そこでもう一度スカルプトに戻り、より詳細に彫っていきました。

5

歯と舌のスカルプトペイントです。ワニの舌は平らで、歯の生え際は意外と直に皮膚から生えていることがわかりました。

6

全体と舌のペイント後の図です。ZBrushによるペイントは以上で終了。今回はCavityをかなり重宝したテクスチャリングだったので、そこそこのところまでZBrushで色を塗ることができました。この後はMulti Map ExporterでDisplacement、Colorテクスチャを書き出し、Photoshopでさらにディテールを加えていきます。

7 Photoshopで加筆を行う前に、CavityマップとOcclusionマップをxNormal（www.xnormal.net）で生成しました。ZBrushからでも出力できるのですが、よりサンプリング精度の高いマップを出したかったので、こちらを使いました。ZBrushから高解像度と低解像度のそれぞれをOBJで書き出し、xNormalで読み込みます。Ambient OcclusionとCavityマップの設定を行なった後8Kで書き出しました（各パラメータの詳細はxNormalのヘルプを参照）。

8 xNormalから出力したマップです。寄って見ないとわかりませんが、ZBrushから直接書き出したものよりも滑らかで綺麗なグラデーションが生成されています。

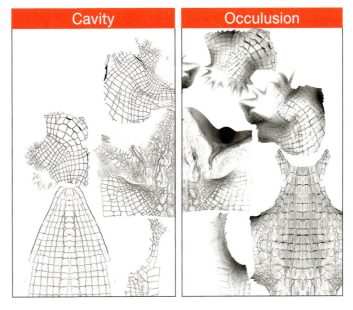

9 Photoshopに移り、Diffuseテクスチャを描いていきます。ZBrushから出力したColorテクスチャをベースにします。先ほど出力したCavityマップをColorテクスチャにソフトライトで重ね、トーンカーブで調整。溝とエッジ部分が理想のコントラストになるまでトライ＆エラーをくり返します。

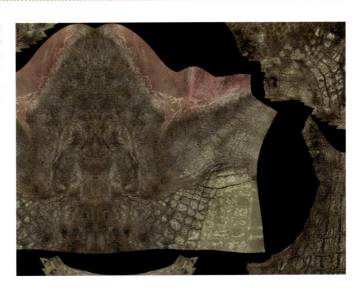

10 Dry Skinを加えました。非常に表皮が分厚い動物なので、一番外の層は水分が蒸発し白っぽく乾燥して死んだ皮膚がところどころめくれていたりするのですが、それを表現するにあたって大理石や岩石の画像を利用しました。2トーンにしてコントラストを調節したものをスクリーン（レイヤーモード）で重ね、湿った部分だけはレイヤーマスクで塗りつぶし、乾いている部分だけに乗っているように見せます。

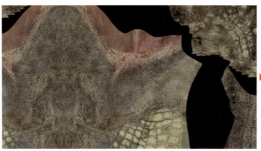 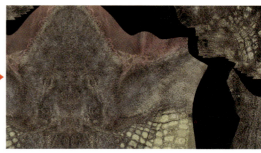

11 最後にオクルージョンと全体の色味、コントラストを調節してDiffuseテクスチャは完成です。SpecularやRoughnessマップもCavityやDry Skinから容易に作成することができました。

12 最終的には今回も3Delightでレンダリングしたのですが、いちいちレンダリングチェックするのも面倒だったので、以前から導入しようと思っていたMarmosetのToolbagを試してみました。テクスチャの更新が3D上でリアルタイムで反映されるため、ルックデヴにはベストなツールだと思います。

DIVERSITY

001
スカルプト
Explosion

[主なツール] ZBrush Maya

001 アナログ美術の技法をデジタルワークに活かす

ものを見るとき人間の目は、はじめに無意識のうちに全体のシルエットや陰影をおおまかに捉えた上でコントラストが最も強い部分にまず視線が惹きつけられ、そこからコントラストの浅い方へと誘導されていきます。絵画では、このルールは初歩的なことでしょう。一方、3DCGによる造形では、鑑賞者がオブジェクトを見たときの視線の移り変わりをさほど意識しないかもしれません。ですが、造形だろうと絵画だろうと人間が目で見るものには変わりなくこのルールは活用できるのです。これは大きな塊（Primary Shape）の中の小さな塊（Secondary Shape）というような立体的なリズムの構成と似ています。絵を描く上で目線の誘導は第一に考えなければならないことでしょうし、そのために多くの画家が遠近法や群化、トーンバリューなど様々な技法を編み出し、方法論として確立されています。そうした技法は、人の目を楽しませることを目的として用いられるもの。さて今回は、"爆発"をテーマに想像力というもの自体の多様性や力強さを様々な動物の表情で表すと同時に見る人の目を飽きさせない、そんな造形をつくろうと制作しました。

STEP 01　コンセプトとアプローチ

まずは手描きでスケッチしながら、全体的なシルエットやコンセプトをまとめます。今回はいきなりスカルプトするのではなく、MayaのFluid機能でベースモデルをシミュレーションすることにしました。

1 はじめに、スーツの男の顔が爆発している、というイメージだけが漠然と頭の中に浮かびました。そこで、すぐに紙とペンを出してどういったシルエットのものにしようか、サムネイルスケッチから始めました。

2

シルエットが見えてくると、次は全体のリズム（陰影の構成）を決める段階ですが、ただ爆発させるだけではコンセプト的にも造形的にも面白くないと思ったので、顔を大量に付けよう、と再びスケッチしていきました。顔も、同じ人間の顔ではつまらないので、様々な動物が絶叫しているような表情にすることにしました。

3

ざっくりコンセプトやシルエットが決まったので、実際にZBrushでDynaMeshからスカルプトをしていきました。ですが、あまり思ったような爆発っぽさが出ませんでした。ZSphereで土台をつくりそこからスカルプトしてみたりもしたのですが、なかなか自然で、勢いのある塊ができませんでした。そこで、アプローチを変えてMayaのFluid機能を使い、それをポリゴンに変換することにしました。フルイドコンテナをつくり、Emitter 1から出したパーティクルをさらにEmitterとして利用し、そこから流体を生成します。

4

以下、流体制作過程をまとめたものです。まず[Particles→Create Emitter]でエミッタを制作し、それにTurbulence Fieldを適用します。発生したParticleを選択し[Fluid Effects→Create 3D Container]でコンテナを作成します。

5 続けて、SizeとResolutionを変更し、Boundary Y を -Y に。Density、Velocity、Temperature、Fuel をDynamic Gridに設定。小規模な爆発をつくりたかったので、Dynamic SimulationのDampを少し上げて時間経過でエネルギーが減るよう設定しました。High Detail Solve をAll Grids に。Auto ResizeをON、バウンディングボックスサイズを可変にして、Resize Closed Boundaries と Resize To EmitterをOFFに。Max Resolutionも上げ、より正確にシミュレーションできるよう条件を整えます。

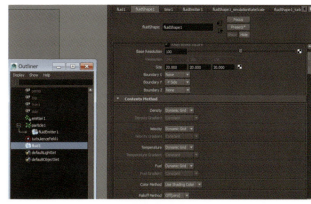

6 Contents Details内のパラメータで爆発の挙動を決めていきます。細かなパラメータの説明について、筆者はエフェクトワークが専門ではありませんが、DensityタブのDissipation（消失）、VerocityタブのSwirl（渦）、TurbulenceタブのStrength、TemperatureタブのDissipation、Diffusion（拡散）とTurbulence（乱気流）、FuelのReaction Speed（反応の速さ）、Air/Fuel Ratio、Max Temperature、Heat、Light Releasedを主に変更しました。そしてFluid Emitterの方のアトリビュートのFluid Drop Offを2から0.5ほどに下げます。DensityやVelocity、Turbulenceの設定は比較的理解しやすいのですが、FuelとTemperatureの関係性が少々難しいですね。押さえるべきポイントとしては、Turbulenceで発生源にリズムを与え、Swirlは基本的に5〜10に、Dissipation（消失）は上げすぎてはいけないですが0だとコンテナの中に値が充満していくので、ほんの少し入れておきます。そして使用しないステータスは基本デフォルトのままにしておきました。

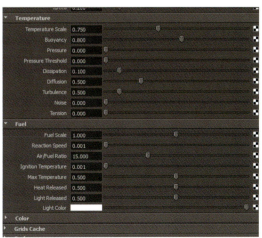

STEP 02 ラフスカルプト

何度かFluidシミュレーションを試し、気に入ったものが見つかったらポリゴン化してZBrushで読み込みます。爆発の形状の中から"顔"に見立てられそうな塊を探し出し、ラフにスカルプトしていきます。

1 何度かシミュレーションを行い、良い感じの塊の爆発ができたフレームで、[Modify→Convert→Fluid To Polygons]で流体をポリゴン化してZBrushへOBJ形式でエクスポートします。

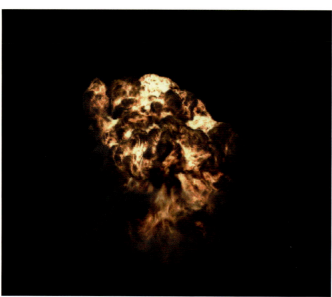
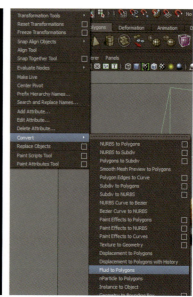

2 爆発のメッシュをZBrushに読み込んだ状態です。そのままだとかなり粗いので、DynaMeshをかけてからSmoothブラシで滑らかにします。

3

Smoothをかけるときは、後ほど様々な顔をあぶりだすために使うディテールをつぶさないよう、微妙な起伏が残るように注意しました。

4

まず土台である人間の顔から着手しました。ClayTubesブラシでざくざく進めていきます。頭蓋骨の形をおおまかにつくってから、男性っぽい顔を制作したこともあり、どうせなら半分は頭蓋骨むき出しにすることにしました。この作品をつくるにあたってはとにかく自由な造形をしたかったので、思いついたことはためらわずにやってみました。

5

ここからは、この爆発から"顔"として使えそうな塊を無数に探し出していく作業です。動物固有の印象を決めているのはシルエットはもちろんこと、頭蓋骨、目と目の間隔や額と鼻の比率などの全体の相関性です。その"○○っぽい"という感覚を抽象的な形の中から丁寧にすくい上げながら、それに近い動物の顔をスカルプトしていきました。

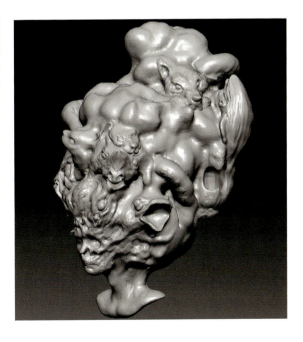

001 Explosion

幻獣 生物 スカルプト

6

細かい比率やディテールはとりあえず無視して、とにかく思いついたものを大胆にスカルプトしていきます。こういうアドリブ的につくっていくものは一度迷ってしまうと手が進まないので、まずは全体を動物の顔で埋めることを念頭に置きました。と言っても顔にフォーカスしていると全体の立体感が損なわれがちなので、ひとつ顔を仕上げたら引きで全体の陰影を確認しながら作業を進めます。

7

もう少しスカルプトを進めて、どれがどの動物にあたるかを明確にしていきました。最初に思いついたイメージにあった通り、スーツも別SubToolでラフに作成しました。ところが、全体の印象がごちゃごちゃになったので結局やめてしまいました。

8

こちらが全体のラフスカルプトモデルになります。ハイライトや陰の出方、コントラストの強弱を確かめるためBPRでレンダリングしてみたりしながら、気に入らないところは微調節します。

STEP 03　資料の収集とディテーリング

モチーフごとにディテーリングを施していきます。この段階では、実際の写真等の資料を確認しながら物理的に正確な造形を心がけました。もちろん全体としてのシルエットや陰影のバランスへの配慮も忘れません。

1 DynaMeshをOFFにして、Divideを1段階上げました。ここからはある程度物理的に正確な造形が必要だと判断したので、様々な動物の資料を見ながら作成していきます。前に述べたとおり、動物固有の"らしさ"を形成している大事な要因は頭蓋骨の比率なので、とにかく比率に注目して、ある程度粗いポリゴンでも"らしさ"が出るよう気をつけながら作成していきました。

2 各動物の特徴をまとめてみました。まずは、熊。鼻骨から伸びた先にある上あごの牙は太くて大きく、下あごの底面はスッと綺麗な直線で、猫科のように眼窩の外側は途中で切れています。頬骨は耳の付け根まで太く長く伸びています。額はなだらかに後頭部へながれており、側頭部は極端なほど窪んでいます。眼窩を中心に1:1ほど。

3 サイ。鼻骨は先端まで大きく口元まで伸び、前頭骨と頬骨は斜め上に反り上がっています。歯は大きく数が少なく、下顎骨は太くがっちりしています。

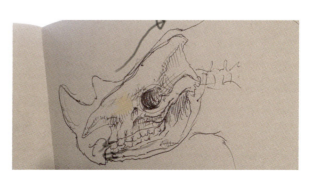

4 羊。頭骨は小さく、上顎骨が広いです。前頭骨と鼻骨が上に盛り上がっています。鼻の先〜奥歯の第一歯、奥歯〜目頭、目頭〜後頭骨の比率はほぼ1:1:1です。

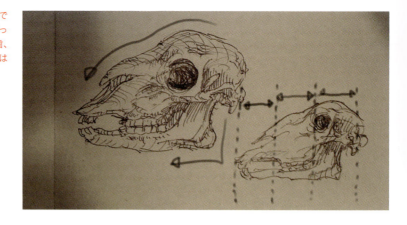

5 そして、虎。熊の頭骨と似ており、鼻先〜眼窩、眼窩〜後頭部はほぼ1:1ですが、縦に長い熊の頭蓋骨と比べ頬骨が横に張り出しており、正面から見ると三角形に近いです。頬骨は太く、なだらかに上顎骨と繋がっています。口元の方へ眼窩が伸びており、全体的になだらかな曲線が多いのですが下顎骨の底面は綺麗な直線で、その先端には上下共に太く大きな牙があります。

6 Devideをさらに上げて、つくり込むところとそうでないところ、粗密感や陰が付いたときのコントラストを意識しながらスカルプトしていきます。長時間見ていても新たな発見があり目が飽きないように、埋めるべきところは別の情報を足していきました。

7 この作品でいうと、まず中心の熊やサイに目がいき、そこから斜めに視線が移動すると思うのですが、目線がいくであろうポイントを予測しながらディテーリングすると、少ない手数でクオリティアップがねらえます。ハイライト周辺や中間色部分などもディテールがないとさびしい印象を与えてしまうので重点的に手を加えました。

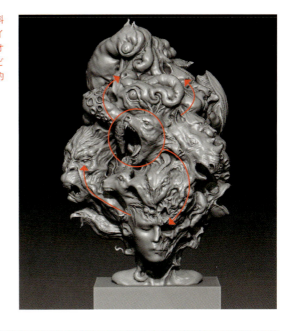

8 細かい部分も手をつけていきます。鳥の羽の表現はClayTubesをGravity「On」にして方向を指定してやると、羽っぽさが簡単に出せます。

9 最後に、別のSubToolにてタコの触手を追加してシルエットに特徴を加えたら完成です。

Wooly Dragon

002 スピードスカルプトで惹きつけるクリーチャーを創り出す

短時間でより完成度の高いものを仕上げるには、絵でも造形でもつくり込む必要のある部分と、そうではない部分を見極めることが大切です。そのキャラクターを観た人にどういう印象（強そう、恐いなど）を抱いてもらいたいのかを最初に決めておくことも大切ですが、そのキャラクターの心情や状況が受け手にしっかりと伝えられているか、さらにそこから創造をふくらませてもらえるのかといったことへの配慮も重要です。作品の良し悪しというのは、結局はそうした根本的な部分がわかりやすく現れているかどうかなのかもしれません。筋肉の理解や細部の表現方法もビジュアライズの手法としてはもちろん大切ですが、ディテールが少ない、極端には2色だけで表現された形のない抽象絵画でも観る人を惹きつけることができます。これを頭ではわかっているつもりでも実際に自分の作品に反映させようと思うとなかなかできるものではありません。ですが、そうしたスキルを伸ばすのに最適なのが、今回のようなディテールを無視した短時間での雰囲気重視の制作だと思うのです。そこで今回は、情報量をより少ない手数で乗せていく練習だと意識しながら制作していきました。

幻獣 生物 スカルプト

002 Wooly Diagon

STEP 01 ベース造形のスカルプト

まずは上半身からラフにスカルプトします。手描きスケッチを指針としてDynaMesh64で顔の造形を始めた後に、マスク処理やMoveブラシを使い、牙や角を造形しながら攻撃的な雰囲気を強調していきました。

1
1 メモ帳に仕上がりのラフスケッチをした後、DynaMesh64で顔の造形からスタート。Moveブラシで伸ばしたり、押し込んだりしながら形状を探っていきます。
2 ClayTubesブラシで顔の構造を模索。狼っぽい感じにしてみました。

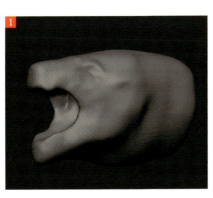

2
1 マスク＋Moveブラシで牙、角、首を生やして攻撃的な雰囲気を強調。
2 緊張しているところ、シワになっているところをしっかり表現していきます。

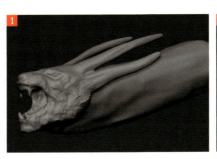

3 それぞれの部位の太さを変えながらもっと攻撃的に見えるよう形づくっていきます。全体的にヒョロっとした印象だったのでもう少しドシっとした雰囲気を高めていきます。SnakeHookブラシでヒゲの形も追加しました。

4 ①体の造形です。別のSubToolにスフィアをappendしてDynaMeshに切り替えてMoveブラシで首と胴体の形をつくっていきます。②マスク＋Moveブラシで腕を生やしました。③第二関節第三関節からも②と同じ手法で翼の軸を生やします。

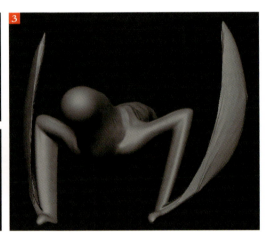

STEP 02　ディテーリング＆毛並みの造形

DynaMeshで翼を生やしつつ、四肢を追加。全体的に下半身（胴体）を造形します。ベースが整ったところで、SubToolをマージし、前項で作成した頭部と接続。さらにその上で毛並みを生やしていきます。

1 ①DynaMeshをかけてポリゴンの破綻を解消し、手首部分から伸ばしたところにマスクをかけて反転。そこからさらにMoveブラシで体の方まで引っ張り、翼を生やします。②さらにDynaMeshをかけて皮膜の形を整えます。薄いのでClayTubesを使う場合は、BackfaceMask機能をONにしておきます。③同じ手法で脚も生やしました。

2

■1 全体の筋肉をClayTubesブラシで形づくっていきます。併せて爪も生やしました。■2 胴体部分のアバラ付近についても少し形を整えます。

3

■1 なんとなくベースの形が出来上がりました。SubToolをマージし、DynaMeshをかけて顔と胴体を接続。その上で毛を生やしていきます。■2 毛をつくる上で気をつけなければならないのが、「毛＝1本1本の集合体である」ということをまずは忘れて、大きいまとまりのある束として見ることが大切、ということです。具体的には、StandardブラシやClayTubes、SnakeHookブラシを用いて、毛とそうでない部分の質感の差がなんとなくわかる程度につくっていきます。毛の筋を彫り込む必要はありません。

STEP 03 ポージング

毛並みのボリュームを加え終わったら、ディテールを高めていきます。今回は全体的に彫り込むのではなく、強調したい（観る人の意識を向かせたい）部分にしぼることを心がけました。その上でポージングを施します。

1 毛のボリュームが加わったところで腕や翼、尻尾の長さを改めて整えます。

2 ❶形状が固まったらDynaMeshをOFFにし、SDivレベルを上げて大事な部分のディテールのみスカルプトしていきます。顔のヒゲ部分や毛のキワ部分をDam Standardブラシなどで彫りました。❷首も同様に、先端部分のみ束感が出るようにスカルプトします。

3 ■1 体全体の毛も全体を彫り込むのではなく、ぱっと見で目が行く部分を重点的にスカルプトします。■2 ポージングのためにSubToolを複製して片方をZRemesherでポリゴン数を減らしてから、Divideで元のモデルと同じぐらいのポリゴン数まで上げます。その上でProjectを用いてディテールを転写します。

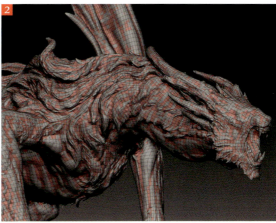

4 リメッシュした方をSDivレベルが低い状態でマスク＋Moveツールでポーズ付けを行います。このキャラクターがどの方向に動こうとしているかを考えつつ、全体として気持ちの良い立体感を探っていきました。

5 最後に、[SubTool→Insert]からPlaneを追加し、ClayTubesブラシで地面や砕けた岩の表現をスカルプトしたら完成です。

Journey

[主なツール] ZBrush

003 それぞれの造形がもつ"動き"をひとつの作品に込める

今回取り上げるのは、"河童と淡水魚の冒険"的なコンセプトで制作したものになります。動きのある造形物がつくりたくて、2016年の春頃につくってみたものに対して、さらに手を加えるかたちでリメイクしてみました。

河童は古くから日本各地の川や沼地に生息しているといわれる妖怪ですが、調べていくうちにその姿形は私たちに刷り込まれている、甲羅をもち頭に皿がある姿だけではないということがわかりました。どうやらはるか昔は各地方ごとに、毛むくじゃらなものや甲羅をもたないものなど、それぞれ異なる容姿の河童伝承があったらしいのです。やがてそれが「河伯（かはく、ホーボー）」という、中国の神話に登場する水神（黄河の神）のビジュアルに影響を受けたものが広まるにつれて、現在のわれわれが知る河童の姿になったようです。

そして本作は日本的なモチーフだったので、淡水魚や波のデザインについても浮世絵などに見られる日本の独特な形の捉え方に寄せて作成していきました。

STEP 01 構成要素の作成

まずは河童と淡水魚という、主となる要素ごとにスカルプトモデルを作成していきます。ある程度、フォルムができたところで淡水魚に河童を乗せてみて、ポージングを施しながら作品の方向性を詰めていきました。

1 ❶MoveブラシとClayTubesブラシを用いて河童のフォルムを形づくります。❷筋肉の位置をつかむためにDam Standardブラシで目安を彫り込みました。❸皮や脂肪を意識しながらSmoothブラシで馴染ませます。影が濃く出るところと出なくてかまわないところを意識すると良いと思います。指はマスクとMoveブラシを用いて作成しました。

2 Moveブラシを使って関節の位置やデザインを少し修正。背面の甲羅はIntensityを下げたClayブラシでうすく盛り上げて質感を出しました。

3 ① 淡水魚も同じ手順で作成します。ラフなフォルムと体のパーツをまずは形づくっていきます。② 河童を乗せてみてイメージを膨らませます。ハイポリだとポージングしづらいので、ZRemesherでポリゴン数を減らした上でマスクとMoveツールを使ってそれっぽいポーズを作成しました。

4 魚の形状をもう少し彫り込んでみました。浮世絵的なブヨブヨ感を少し意識しながらStandardブラシやDam Standardブラシ等でスカルプトしていきました。

STEP 02 全体的なフォルムを整える

3体の河童のポーズを付けつつ、左上に向かって勢いのある動きが出るように全体としてのバランスを整えていきます。一連の作業の中で淡水魚のディテール、波（水面）の形状もつくり込んでいきました。

1 ① 今回は特にイメージスケッチ等もしていなかったので、形自体の向きの統一感を第一に考えてZBrush上でポーズを付けながら構成を決めていきました。② 波も別SubToolでまずはCubeブラシ、続けてMoveブラシやStandardブラシを用いて作成します。

2 河童モデルのSubToolを複製し、それぞれにポーズを付けていきます。

3 いったん各モデルを配置してみて、全体の形を決めていきます。左上に向かって勢いが感じられるように、新しくパーツを加えたり、逆に削ったりしながら試行錯誤を重ねます。

■ 4 ■ 淡水魚に歯を生やしてみました。マスクを描いて反転させてMoveツールで一気に押し出し、DynaMeshでポリゴンを整えて1本ずつ形づくっていきます。 ■ ながれが損なわれないよう、河童たちの大きさを変えてみたり魚のパーツを変えてみたりします。

STEP 03 ディテーリング

淡水魚や波の細部をつくり込みます。日本的なデザインとして、浮世絵を彷彿させる歪なラインを彫り込んでいくのと並行して、河童の手の大きさや向き、さらには水筒として瓢箪モデルを加えてみました。

■ 1 ■ 淡水魚のディテールを足します。Standardブラシで自由にボリュームを描いていきました。浮世絵チックな少し歪な線を意識して意図的に大げさに彫りこんでみたりもしてみました。 ■ 河童の手の大きさや向きを、より全体のながれに沿うように直します。淡水魚の舌もSnakeHookブラシを用いて追加しました。

2 ❶波のディテールのレベルを魚や河童に合わせます。北斎の絵のような、白波が躍動的な印象を入れてみました。❷ボリューム感が足りないなと思い、河童に瓢箪を身に付けさせてみました。別SubToolで作成し、そこにCurveTube、Snapブラシで紐っぽいチューブを巻き付けます。Snapは、CurveTubeとは動作が異なり、ストロークした場所に別オブジェクトがあれば、チューブ形状がそのオブジェクトにスナップするというブラシです。アクセサリをつくるときなどに役立ちそうです。

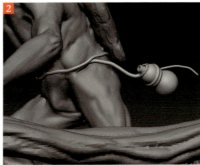
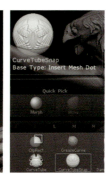

3 魚のサーフェスディテールを加えます。StrokeタイプをSprayに変更し、デフォルトで入っているアルファを用いてサンショウウオのような細かな皮膚感を出しました。

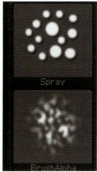

4 最後にスペキュラの出るマテリアルに変更（[Material→Modifies]した上でDiffuseの値を低くしてSpecularの値を上げる）して、ディテールのレベル、しっかりハイライトがねらい通り出ているかどうかを確かめたら完成です。

004
スカルプト
Frilled Fish

[主なツール] ZBrush

004 海洋生物と植物の共通性に着想を得る

　花と魚の融合によって、幻獣を作成しました。映画『シン・ゴジラ』(2016) 第2形態のモチーフにもなったことでも知られる「ラブカ」というサメの一種は、英名で"frilled shark"と言います（鰓弁（さいべん）が大きくヒダ状になっていることに由来するそうです）。今回はそのネーミングに着想を得て、ユリのようなフリフリの花とそれを体にまとった深海魚っぽいものをつくりたいなと、ぼんやりとラフスケッチデザインしてみたものをベースに、ZBrushで実際に形づくっていく過程で具体的なデザインを施していきました。

　生物が陸に上がる前のことを考えると、海洋生物と植物は実は系統樹的にそれほど遠い存在ではないように思います。光合成ができるウミウシも実際に存在しますし、海の中の生き物はきっとまだまだ僕たちの知らない能力を秘めている気がしてなりません。

　余談ですが、魚のエラには小さな穴が無数に開いていてそこから酸素を取り入れているのですが、釣った魚などがしばらくすると窒息してしまうのは、そのエラに開いた無数の穴が乾燥によって機能しなくなってしまうからみたいですね。

STEP 01　構成要素の準備

最初からZBrushでスカルプトを始めるのではなく、思い描いたイメージを手描きでスケッチすることで、手早く造形することができました。要所要所にヒレを配置し、デザイン的な特徴を高めていきます。

1 最近では実際にスカルプト作業を始める前に、ラフスケッチすることが多くなりました。ラブカやホホジロザメ、ユリ、クラゲ、ベタなどを参考にデザインしていきました。

004 Frilled Fish

2

ラフスケッチを描くことでスカルプトの初期段階での迷いがなくなるので、かなりスピーディに造形することができました。いつもと同じく、まずはDynaMeshでさらにMoveブラシやSnakeHookブラシなどを用いて形づくっていきます。

3

全体のシルエットが単調なので、ヒレ部分のシルエットを複雑にしました。

4

シルエットが固まってきたところで、SubToolを複製してZRemesherでポリゴン数を減らします。これによりUVを開いたりポーズを付けやすくなります。

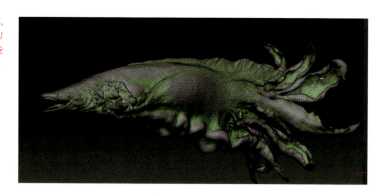

5

エラ部分のヒレを複数作成し、これをMoveツールで配置していきます。

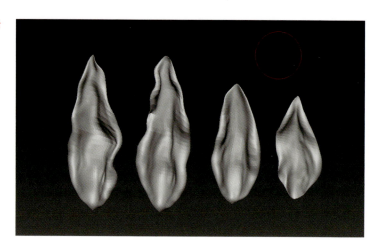

6 使いまわし感が出ないようSnakeHookブラシなどで形状を変えながら配置していきます。

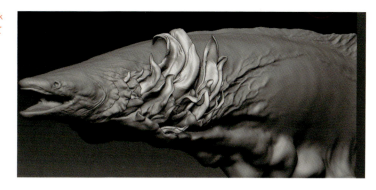

7 尻尾の方のヒレも追加しました。これで全体のある程度の要素が整ったので、それぞれにもう少しディテールを入れていきます。

STEP 02 ディテーリング

ベースモデルに対してディテールを施します。具体的には、微妙な凹凸のデザインやヒレなどの特徴的なパーツのシルエット調整のことを意味します。MoveやInflateブラシを用いて植物的な要素も加えました。

1 ディテールを加えていきます。ディテールといってもサーフェスディテールではなく、もう少し表面の微妙な凹凸のデザインやヒレ部分などのシルエットを詰めます。

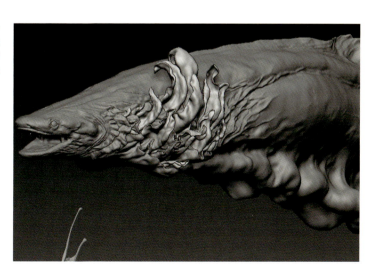

2 試しに前ヒレを追加してみた状態です。最終的には要素として相性が悪かったので不採用にしたのですが、エラヒレも反転複製してみながら全体のバランスを確認します。

3 エラ部分から植物のおしべのようなものを生やしたかったので、別パーツで作成しました。こちらもMoveツールで複製しながら並べていきます。

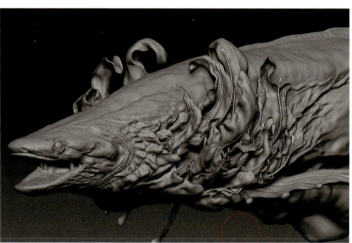

4 お腹部分のヒラヒラ部分にクラゲの触手のようなボツボツを追加したかったので、別ツールでアルファを作成するためのモデルをつくります。平面ポリゴンを十分に分割した上で、既存のアルファやInflateブラシを利用してこのようなモデルを作成しました。

5 ［Alpha→GrabDoc］から現在ビューポートに表示されているモデルをアルファに変換できます。**2** 目当ての部分以外にマスクをかけて、今作成したアルファを選択しディテールを追加していきます。アルファのリピート感をなくすために、上からInflateブラシなどでところどころ大きさの強弱を付けていきます。けっこう気持ち悪い感じになりました。

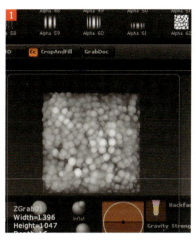
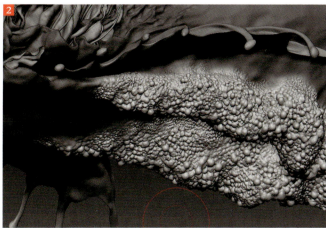

STEP 03 着彩&ポージング

Polypaintでベースカラーを塗ります。サーフェスディテールを施した後、ポーズ付けを行います。今回はヒレの形状が多数あったので、大量のオブジェクトを手早く追従させることができるZSphereRigを利用しました。

1 簡単にPolypaintで色を塗りました。デフォルトのベーシックマテリアルの質感だと色が見えづらかったのですが、そんなときは［Material→Modifier］からDiffuseのスライダを編集したりして色が見えやすいマテリアルをつくると効果的です。

2 それに加え、サーフェスディテールを追加していきます。今回はザラザラした鮫肌のような質感をイメージしていたので、岩肌やコンクリートなどのアルファを用いてディテールを乗せた後、CrackブラシやStandardブラシなどでひび割れや筋を入れていきました。

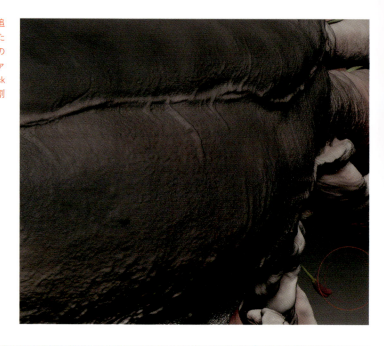

3 ディテールを付け終えたので、今度はポージングをしていきます。ヒレなどのSubToolがたくさんあるモデルなので、[ZPlugin→Transpose Master]を利用しました。ZBrushのリギングはウェイト調節などは行えませんが、素早く大量のオブジェクトを追従させて動かすことができるのが便利です。

4 ZSphereRigをONにしてTPoseMeshをクリックすると、ZSphereモードに画面が切り替わります。その状態でボーンを入れる要領で骨を組んでいきます。

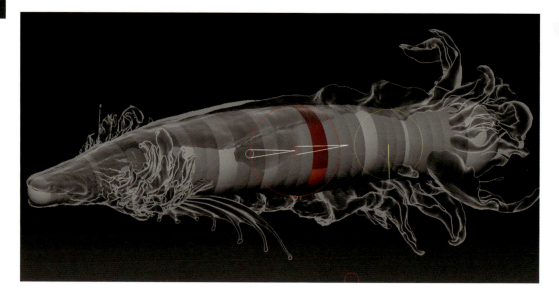

5 ボーンを入れたら、[Rigging→Bind Mesh]をONにしてRotateツールでスフィアを回転させてポーズを付けていきます。ポーズを付け終わったら[Transpose Master → TPoseToSubT]でポーズを実際のポリゴンに適用します。

6 見映えを確認して、望みどおりなら、各SubToolをOBJとしてMayaなどの統合型3DCGツールに読み込み、レンダリングを行います。ZSphereRigはMaya上でポーズを付けるよりも手っ取り早く行えるので、僕は気に入ってます。

7 Polypaintで描いたカラーマップやディスプレイスメントマップ、ノーマルマップは、[ZPlugin→Multi Map Exporter]で出力しました。なお、スペキュラマップならびにラフネスマップはMARIで写真素材を用いて描きました。使用レンダラはArnoldです。

COMMENTARIES

Moth Cat(2016) p60
蛾と猫を合わせてみました。どちらもモフモフでつぶらな瞳をしているから相性良いかなと思って。

Owl Griffin(2016) p61
神聖なフクロウをイメージして描きました。空から降ってきたような印象を出したかったです。

Thinking Man(2016) p54
お気に入りの作品です。たくさんの人に観てもらい僕自身を知ってもらうきっかけになった作品でもあります。

Fairy(2017) p62・上
蛾をドラゴンっぽくして描いてみようかなと思ったものです。このとき蛾にハマってました。

Multi Preaching(2016) p55
それぞれの顔がちがう説法を唱えるという、神仏としてあるまじきタブーを冒してしまった菩薩です。

Serval Owl(2017) p62・左下
フォトバッシュの習作です。1時間くらいで仕上げた気がします。

Interstellar(2016) p56・上
居住可能な惑星同士がこんな近い距離にあったら、飛行機で隣の国へ行く感覚でその惑星に行けるんでしょうか……。ちがう星に住む恋人や友人とは会えるのでしょうか……。

きつね(2017) p62・右中
模写してた時期に描いたものですが、色味などはそのときの気分でパステルカラーで描きました。

Fall into the moon(2016) p56・下
小学生の頃、くり返し観た『ガメラ3 邪神覚醒』(1999)の大好きなシーンのオマージュのような。

Bird(2017) p62・右下
幸せの青い鳥。

Bodyless(2016) p57・上
手足がなく、顔だけで飛び回って生きているドラゴンのような生命体。

蟹の怪獣(2016) p63・上／p66／p71・下
CGWORLDの連載用につくった蟹の怪獣の別角度レンダリング画像。知性が感じられない感じの怪獣も好きです。

Leviathan(2016) p57・下
海の化け物、シーサーペントともいう。生物を発光させるのが好きです。

巻々(2016) p63・下
『ファンタスティック・ビーストと魔法使いの旅』(2016)を観た直後とかに描きました。巻貝みたいなのは翼で、広げることもできます。

Chimera(2015) p58
キメラ。鳥、イノシシ、豚、ライオン、マーコール、蛇、カラスの合成獣。

怪物(2016) p64
海外っぽい怪獣をつくってくれと依頼をいただいた際につくったものです。デザインからテクスチャまで制作しました。

スピノサウルス(2016) p59
スピノサウルスという白亜紀に実在した巨大獣脚類。水辺の生物だったという説があるので、ワニのように仕上げました。

Hedgehog Wyvern(2017) p65
CEDEC 2017へ登壇した際に制作したドラゴンです。『ゲーム・オブ・スローンズ』のドラゴンにもろ影響を受けていますが、ドラマ自体は3話で観るのをやめました……。『ブレイキング・バッド』大好き。

Blue Head（2015） p67
CGWORLD連載用に制作したBlue Headの別角度レンダリング画像です。リアルでハイディテールなクリーチャーの制作ワークフローは、これをつくったことで身につきました。

Kaiju（2017） p68
目がたくさんある感じとか、『パシフィック・リム』っぽい怪獣が描きたかったです。

Negative（2016） p69・左上
なんかイライラしてるときにつくった記憶があります。

閻魔（2017） p69・右上
友達とSkypeしながら描いたものです。テーマとか題名は完全なる後付け。

Wooly Dragon（2017） p69・左下
ZBrushでレンダリングしたものです。

Creepy（2016） p69・右下
老人の表情のリファレンスを見ながらZBrushをこねていたときにできたものです。

Red Dragon（2015） p70
学生のときからちまちまつくっていた作品です。Twitterで簡単なMakingを載せたところ、意外と反響があったのを覚えています。CGWORLDで連載をやることになったのもこの作品のおかげかもしれません。

Turtle Creature（2016） p71・上
4時間でスカルプトしたものです。明確なデザインが急に頭の中に降ってくることがたまーにあって、そのときに条件反射的に制作したのを覚えてます。

Bat Creature（2017） p72
「ZBrush Merge」というイベントに登壇させていただいた際に、解説用にと制作したクリーチャーです。緊張しすぎて全然上手いことしゃべれませんでした。せっかくの機会だったのに本当すみません。

Hunting（2017） p73・上
動きの向きの可視化的なテーマでスカルプトしたものです。

Kerberos（2016） p73・中
双頭のケルベロスです。こちらも4時間くらいでざくっとスカルプトした作品です。

Speed（2016） p73・下
鋭さと素早さを兼ね備えた系だから防御力弱めかもわからん。

Chtulhu（2016） p74
クトゥルフ……というよりただのタコ人間の子供。ちょっとオコ。

流木龍（2016 p75・上
去年のクリスマスの日にそれっぽいものをつくりたくて精一杯絞り出したのがこれです。ツリーっていうところ以外なにもクリスマスと関連がない。

Zombie Griffin（2016） p75・下
ZBrushを使わず初めからPhotoshopでクリーチャーを描く練習をしてたときに描いたものです。

熊（2015） p76・上
熊です。毛の質感をスカルプトで表現する練習にもなりました。

夢（2014） p76・下
実家の猫を描いたもの。人間でいうともう40歳くらいで、あっという間に抜かされました。

The Point（2012） p77・上
デジタルハリウッドスクール土曜日クラスに1年間ダブルスクールしていたときに制作した卒業制作。4ヶ月かけて全てひとりで1分50秒の映像を制作しました。5年経った今でもまだ僕の中では原点であり頂点。

Seaside（2012） p77・下
CGを始めて半年くらいのときに制作した背景作品。このときは大学にまったく行かず誰とも会わずひたすら家でCGしてました。僕の人生の中で一番充実してた時期かもしれないです。

I know（2017） p78
何かを"知っている"ということは、ある種の幻影かもしれない。それでも自分にとってその感覚はかけがえのない本物です。

森田悠揮／Yuuki Morita

1991年生まれ、名古屋市出身。2014年、立教大学現代心理学部卒業。在学中からフリーランスとしてキャリアをスタートし、卒業後の現在はフリーランスのデジタルアーティスト、キャラクターデザイナー。TV、映画、ゲーム、CM等に登場する生物や怪獣のデザイン、CG制作を中心に活動中。月刊CGWORLDにて「Observant Eye」連載中。
www.itisoneness.com

ZBrush、Photoshopほか、デジタル技法で描く幻獣アート
THE ART OF MYSTICAL BEASTS

2017年12月25日　初版第1刷発行

Author
森田悠揮

Publisher
村上 徹

Editor
沼倉有人（CGWORLD編集部）

Art Direction & Design
御堂瑞恵

DTP
大連上智信息技術有限公司

Book & Printing
株式会社大丸グラフィックス

お問い合わせ窓口
info@borndigital.co.jp

発行・発売
株式会社ボーンデジタル

〒102-0074
東京都千代田区九段南1-5-5 九段サウスサイドスクエア
03-5215-8669（編集）
03-5215-8664（販売）
www.borndigital.co.jp

＊本書の無断複写・複製は、著作権法上の例外を除いて禁じます。
＊内容についてのお問い合わせは電子メールでお願いします。その他の手段には応じられません。
＊乱丁本・落丁本は、取り替えさせていただきます。送料弊社負担にて販売部までご送付ください。
＊定価は裏表紙に記載されています。

ISBN 978-4-86246-404-0
Printed in Japan
© 2017 Born Digital, Inc. All Rights Reserved.　© Yuuki Morita